社員が努力して、働けば働くほど報われる仕組み

社員にとって働きがいのある会社になるヒント

釣谷宏行
株式会社CKサンエツ
代表取締役社長

発行：ダイヤモンド・ビジネス企画
発売：ダイヤモンド社

はじめに

かつて私は、中小企業の社員でした。仕事は、好きでした。自分でも、よく働いたと思います。でも、あまり働かない社員と、待遇は同じでした。そのことを、残念に思ったことがありました。

私が社長になった時、社員全員を集めて就任の挨拶をしました。「働きがいのある会社にします。協力してください」と、簡潔に抱負を述べました。25年前のことなのに、つい昨日のことのように記憶しています。

その直後に開催した幹部ミーティングでは、単刀直入に「社長、働きがいのある会社というのは、どんな会社のことですか」と質問されました。

実はその時、私は働きがいの正確な定義を知りませんでしたが、咄嗟《とっさ》に「良い質問、ありがとうございます。働きがいのある会社というのは、働けば働くほど得をする会社のことです。正直者が馬鹿を見ない会社です」と答えました。すると質問した幹部社員は「それならよくわかりました。一生懸命に仕事をします」と、意外なほどあっさり納得したのです。社長の発言には重さがあると、気付かされた瞬間でした。

早速私は、「経営理念・努力して働くほど報われる職場を社会に提供する」と書き、社内に掲げました。こうして私は、働きがいのある会社にするための仕組みづくりに勤《いそ》しむようになりました。

私が手掛けたことは、努力して働くほど社員が報われる仕組みをつくり、どこで働くより恵まれた待遇を社員に提供することでした。組織と規則を定めると、後は社員たちがどんどん働き始めました。そして気が付くと、東証プライム市場に上場する業歴100年の伝統企業に成長していたのです。

直近2022年3月期の経営成績は、売上高1153億円、営業利益107億円、経常利益65億円、親会社株主に帰属する当期純利益43億円、社員数は約1000人になっていました。

当社は、消費財ではなく生産財を生産する金属製品メーカーです。また、宇宙・航空・ITなどの花形事業を、グローバルに展開する企業ではありません。どちらかと言えば、派手さのない地味な業種に見られがちでした。でも、実際には生産財の金属製品が、この世のライフラインを支え、日本の国際競争力を支えているのです。

新型コロナウイルス感染症やウクライナ戦争で世界観・人生観が一変し、当社のような金属製品メーカーが日本で良質な就労機会を提供することも、これからの日本社会にとって大事な社会貢献になるような気がしてきました。それが、本書を執筆した動機です。もとより拙《つたな》い体験談ではありますが、これから社会へはばたく若い方々が、会社や仕事について考える一助になれば幸いです。

株式会社ＣＫサンエツ
代表取締役社長　釣谷宏行

目次

証言　社員ファーストは本物か？

序章

創業から100年を経て

創業は１９２０年、当時はトラディショナルなモノづくり企業だった

企業の価値を測るには、様々な尺度があるでしょう。一般的には株式の時価総額、事業の収益性、不動産や知的財産の有無、財政状態といったものになるのかもしれませんが、もう一つ、まったく違う尺度として、社員の満足度あるいは幸福度を尺度にした世界の企業ランキングがあります。

１９９１年にアメリカで設立されたＧＰＴＷのランキングです。ＧＰＴＷはGreat Place to Work®の略で「働きがいのある会社」を意味し、日本では株式会社働きがいのある会社研究所（Great Place to Work® Institute Japan）が主催しています。

ランキングの評価を受ける対象企業はエントリー制で、２０２２（令和４）年には５２４社が参加しました。その中で当社ＣＫサンエツは、従業員１００~９９９人の「中規模部門」で2位にランクされました。ＧＰＴＷには２０１７（平成29）年に初めてエントリーし、２０１８（平成30）年に5位にランクされて以来、中規模部門トップ10に入り続けています。

詳しい評価ポイントや社員の働き方に関して当社が大事にしている点などは後述します

■図表-1　GPTW2022ランキング表

	大規模部門 1,000人以上	中規模部門 100〜999人	小規模部門 25〜99人
1	セールスフォース・ジャパン 情報通信業	コンカー サービス業(他に分類されないもの)	あつまる 情報通信業
2	シスコシステムズ 情報通信業	CKサンエツ 製造業	現場サポート 情報通信業
3	レバレジーズグループ サービス業(他に分類されないもの)	キュービック 情報通信業	HubSpot Japan 情報通信業
4	ディスコ 製造業	日本ケイデンス・デザイン・システムズ 情報通信業	バーテック 製造業
5	アメリカン・エキスプレス 金融業・保険業	アチーブメント 学術研究、専門・技術サービス業	アイグッズ 卸売業、小売業

が、中規模部門のトップ40のうち37社は東京の企業で、北陸の企業は当社しかありません。さらにトップ10のうち製造業は当社だけでした。他9社は学術研究業、技術サービス業、サービス業、情報通信業です。ＧＰＴＷで、当社は、異色の存在として見られているのかもしれません。「富山の金属製品メーカーが、なぜ働きがいのある会社なのだろう?」ということです。本書では、その「なぜ」を種明かししたいと考えています。

社名に刻まれた郷土への思いと製品へのこだわり

ＣＫサンエツグループは、２０２０（令和２）年６月10日に創業１００周年を迎えました。現在、グループには、純粋持株会社である株式会社ＣＫサンエツを筆頭に、シーケー金属株式会社、サンエツ金属株式会

■図表-2　グループ構成図

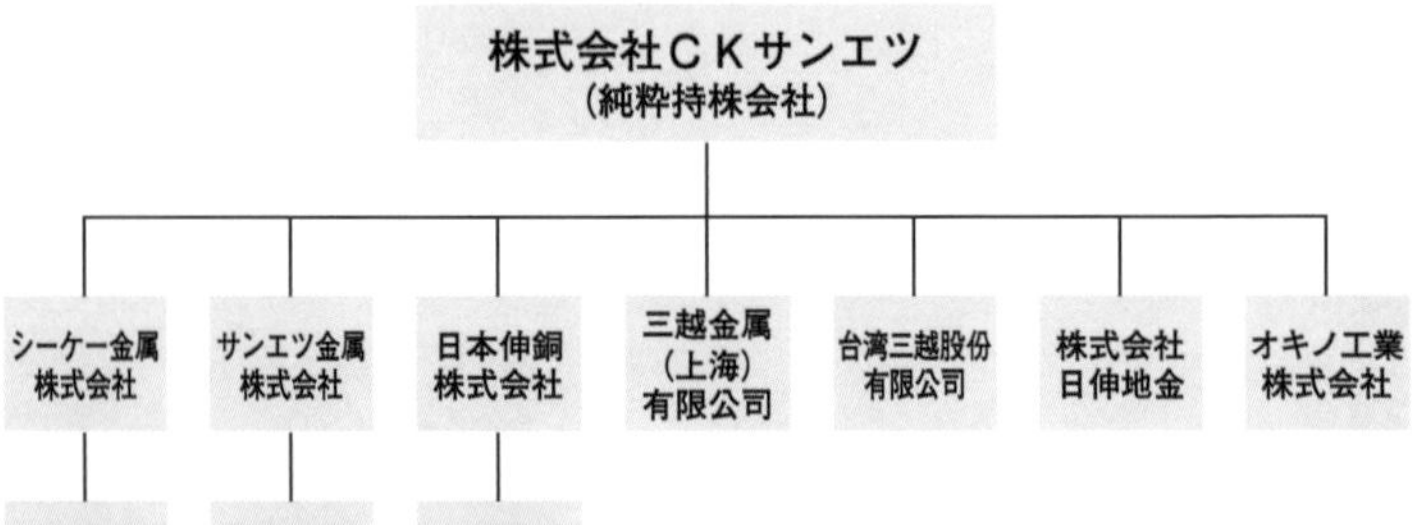

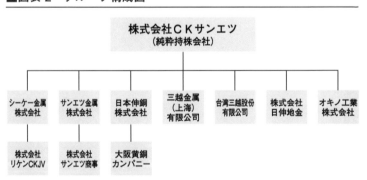

社、日本伸銅株式会社、株式会社リケンＣＫＪＶ、株式会社サンエツ商事、三越金属（上海）有限公司、台湾三越股份有限公司など12の法人があります。

　このうち、当社グループのルーツといえるのがシーケー金属です。シーケー金属は元々「中越可鍛製作所」といい、１９２０（大正９）年6月10日に富山県高岡市で創業しました。ですから、２０２０年は、当社グループの創業１００周年でした。

「中越」とは富山県の「越中」をもじった名称で、「可鍛」は割れない強い高級鋳物である「可鍛鋳鉄」を指します。中越可鍛製作所は後に「中越可鍛株式会社」となり、さらにシーケー

1920（大正9）年6月　シーケー金属は中越可鍛製作所として創業した。

金属株式会社と改称しますが、「シーケー」はＣＫであり、「中越」と「可鍛」をローマ字で表したときの頭文字を取っています。世間ではＣＫといえば、ファッションブランドを思い出す人が多いでしょうけれども、私たちのＣＫには自社の存在する地域とその事業領域が刻まれているのです。

中越可鍛製作所は創業当初から「*鉄管継手《つぎて》」のメーカーであり、それは現在のシーケー金属も変わりません。鉄管継手とは、水道管やガス管などの鉄管をつなぐ部品で、現代の配管システムには絶対に欠かせないものです。鉄管継手の材質には、粘り強く、割れない可鍛鋳鉄が最適でした。*引張《ひっぱり》強度と伸びが正比例し、鉄管と強く結合するほど継手の粘りが増すという材料特性を活かしている点は、鋳造技術の進歩はあっても、基本的に現在も同じです。

日本には、明治時代末期まで鉄管継手の製造技術はなく、欧米からの輸入に頼っていましたが、１９１２（明治45）年に北九州市の戸畑鋳物株式会社によって国産化が実現しました。

中越可鍛製作所の創業が１９２０年であることには、歴史的な必然性があります。第１次世界大戦によって欧米からの鉄鋼製品の輸入が途絶え、国産品の需要が急激に高まりました。鉄管継手業界の盛況は、当時の起業家を刺激し、各地で鉄管継手製造業への新規参

＊鉄管継手　鉄製の管（パイプ）同士をつなぎ合わせる際、接合部に用いるパーツのこと。
＊引張強度　工業材料の機械的性質の一つで、材料に引張力が加わったときの材料の機械的強度を表すために用いる値。

■図表-3　継手の製造工程（白継手・黒継手・コート継手・ハウジング継手関連等）

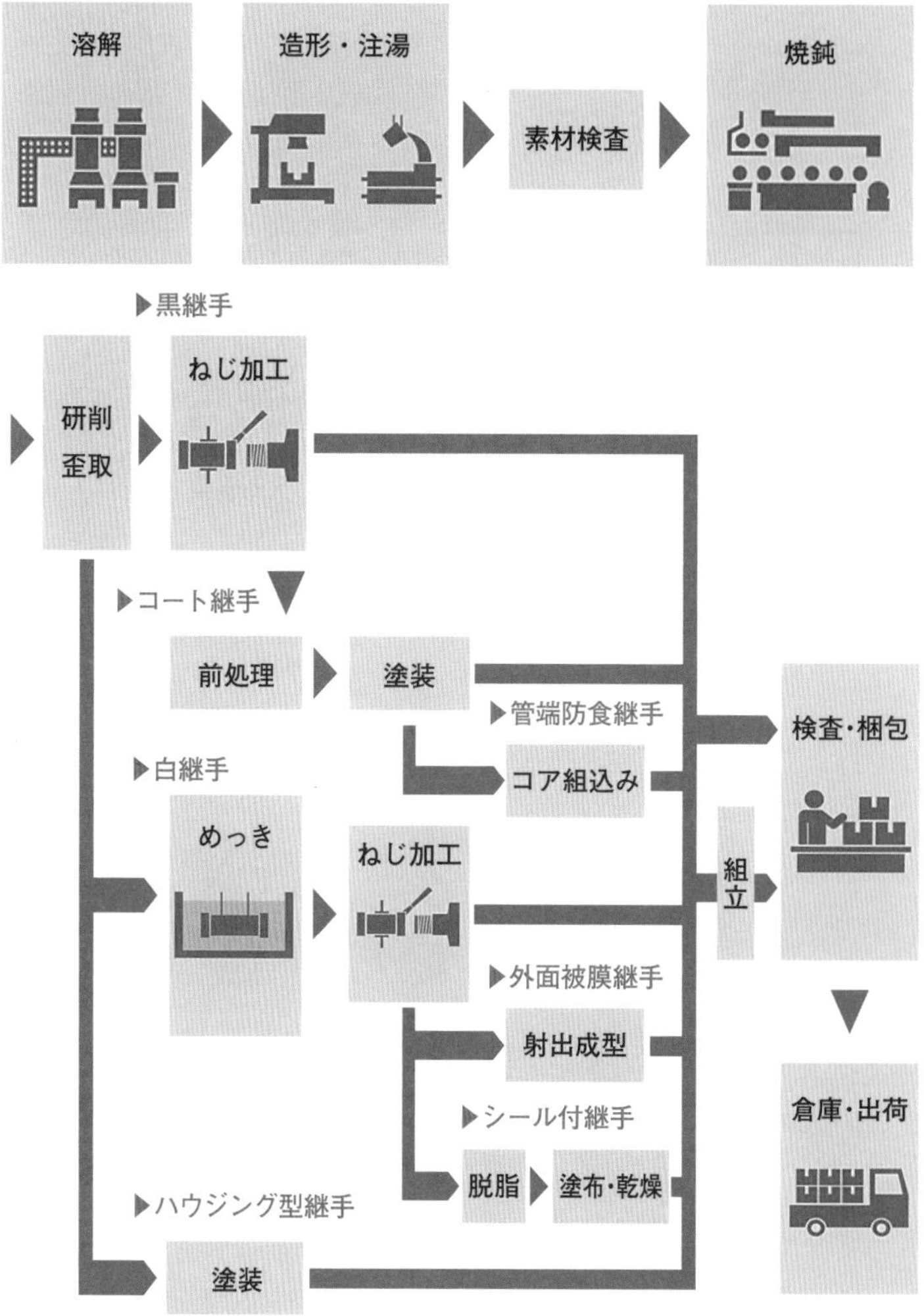

入が相次ぎました。高岡市には江戸時代からの高岡銅器の伝統があり、そこに最新の鋳物の技術が持ち込まれたことで、新たな産業が派生したことになります。

中越可鍛製作所は、鉄管継手の鋳造からねじ加工までを手掛け、大阪の販売店などと手を組むことで販路を広げていきました。

「自社ブランドで作る」こだわりが、時代の荒波を乗り越えさせてくれた

ここで特筆しておきたいことは、100年前のマイスターたちにとって、製品にバリエーションを持たせることはいくらでも可能であったのにも拘らず、主力製品を鉄管継手に絞って創業したことです。

水道の普及という時代の流れを読んでのことだとは思いますが、中越可鍛製作所は鉄管継手の専門メーカーになることで、どこにでもある鋳物屋や機械加工屋にならずに済んだのです。

どこにでもある鋳物屋や機械加工屋は、たいていの場合、大手メーカーの部品を製造する下請けにならざるを得ませんでした。ところが、中越可鍛製作所には、鋳造からねじまで自前で加工することで鉄管継手という配管部品を完成品として販売し、自社ブランド

を確立する道が拓けたのでした。製品自体や製造方法や販売方法など、すべてにおいて自由に主体性を持って取り組むことができたので、無数にある下請け工場が陥る過当競争から距離を置くことができたのです。

さらにいえば、鉄管の品種構成は口径サイズのちがいだけなので、製造は大規模な装置による少品種大量生産となり、それを資本力のある官営企業や財閥系企業が牛耳ったのに対し、その付属品である鉄管継手は形状・サイズが千差万別で、製造は多品種少量生産の労働集約型産業であり、中小企業ならではの存在感を示すことができたのです。

１９３６（昭和11）年9月15日、私の祖父である釣谷又右衛門が資本金3万円を出資したことによって、中越可鍛製作所は「中越可鍛株式会社」になり、初代社長には又右衛門の従兄弟《いとこ》の川崎幸作が就任しました。

当時、釣谷又右衛門は株式会社釣谷回漕店（現・伏木海陸運送株式会社）の社長でした。「又右衛門」は代々襲名しており、祖父は3代目です。

釣谷回漕店は定期船貨物の取次を行う、いわゆる「乙仲《おつなか》」（乙種仲立業）でした。三井の三池炭鉱などと提携し、石炭をはじめとする産業資材を一手に扱っていました。良港として名高い富山湾の伏木港で、最も賃金の高い会社でした。祖父は地域振興のために、お金が必要な人に寄付をしたり、出資をしたりしていたので、中越可鍛株式会社の設立にも快く手を貸したのでした。

しかし、世は戦時下となり、中越可鍛も時代の荒波に呑み込まれ、日米開戦後は海軍艦政本部や舞鶴海軍工廠《こうしょう》の指定工場になって、潜水艦のバルブなどの軍需品を製造するようになりました。また、戦後には、一転して農機具や手押しポンプなどの民生品を製造しましたが、全国で復興が進むにつれ、鉄管継手の需要が急拡大したため、再び本業へと回帰することができました。

1974（昭和49）年、中越可鍛は社名をシーケー金属株式会社に改称しました。創業から100年以上経た現在も、鉄管継手を主力製品とし、なおかつ日本で唯一、100％自社生産という伝統を守りながら、「CKブランド」の製品として販売しています。

もっとも、私が社長に就任した1997（平成9）年以降とそれ以前とでは、経営方針がまるで異なる会社でした。

私がCKサンエツグループを率いるようになった、そもそもの契機は、1984（昭和59）年に、当時シーケー金属の社長であった叔父の釣谷圭介が、脳溢血《のういっけつ》で倒れたことでした。幸い奇跡的に回復しましたが、私に助力を求めてくるようになったのです。

叔父には、子どもがありませんでした。当時、私は大学を卒業して、北陸銀行に勤めていましたが、結局叔父の希望を受け入れ、赴任先の北海道から富山へ帰ったのは1986

（昭和61）年のことでした。社会人として5年目の、27歳の春でした。

1958年生まれの世代感覚

ここでちょっと私の出自といいますか、世代感覚を語っておきましょう。この世代感覚は、「働きがいのある会社」という当社経営理念の下地にもなっていると思います。

私が生まれたのは、高度経済成長が始まったばかりの1958（昭和33）年11月12日でした。富山市内の産婦人科病院で産声を上げました。大都市以外ではまだまだ、お産は産婆さんを呼ぶのが普通の時代です。父は高岡市、母は富山市の出身でした。

この国では1955（昭和30）年から73（昭和48）年までの約19年間、実質経済成長率が年平均10％前後を記録したといわれていますが、そんな数字をまったく知らない子どもでも、道路はどんどん舗装され、街にはモダンな建物が次々と出現し、家庭にカラーテレビがやってきて、そのブラウン管越しに岡本太郎が太陽の塔を熱く語っていたりすれば、さすがに未来は明るいと思えたものです。

1958（昭和33）年は、東京タワー竣工《しゅんこう》の年でした。それから、今の若い人たちにはあまりピンと来ないかもしれませんが、山口百恵さん、桜田淳子さん、森昌子さんの「花の中三トリオ」と私は同学年でした。海の向こうではマイケル・ジャクソンさん、マドンナさん、プリンスさんも1958年生まれのようです。

私の母・眞美の実家は、富山県内屈指の豪農でした。富山市内の米田という村にあった生家の門は、富山10代藩主前田利保の隠居所として建てられた、千歳御殿の御門を譲り受けたものでした。これは、戦災や大火を潜《くぐ》り抜けた富山城唯一の遺構です。

母の実家が裕福だったことは、地名でもわかります。米田や豊田など、土地が肥えていたからこそ、そういう地名で呼ばれていたのです。戦前から、小作人もみんな豊かだったと聞いています。

父・義範の生家は前述したように、富山湾で3代続いた「乙仲」でした。本来であれば父が釣谷回漕店を継ぎ、4代目釣谷又右衛門の名を襲うはずでしたが、京都大学を卒業して建設省（現・国土交通省）に入省してしまいました。

父は、国家公務員の上級職試験を受けた時、2番の成績だったといいます。1番の人が宏行という名だったので、生まれてきた長男、つまり私にその名を付けたということでした。

父の転勤のために、幼稚園から高校まで転園・転校の連続

私は幼稚園に2年間通いましたが、その間に2回も転園しています。2年間に三つの異

母は富山の豪農 赤祖父《あかそふ》牛一の長女で、邸には富山城から譲渡された「千歳御門」があった。

父は富山湾の乙仲 株式会社釣谷回漕店（現・伏木海陸運送株式会社）社長釣谷又右衛門の長男だった。

なる幼稚園を経験した子どもは珍しいと思うのですが、父が順調に出世すると、家族も転居に次ぐ転居になりました。幼稚園から高校まで、平均すると2年に1回は引っ越しをしなくてはならない生活でした。

困ったのは学校の教科書です。各地で教科書が異なりました。今と違ってコピー機などはありませんから、学期の途中で転校し、学年の終わりまで教科書が手に入らないということも多々ありました。

大学は、長野県松本市にある国立の信州大学経済学部に進みました。今の大学生はアルバイトで忙しくしているようですが、私の学生時代はのんびりとした雰囲気でした。私は割と真面目にやっていましたので、先生方には可愛がられました。

ただ私は、卒業後について確固たる目標がなく、ロシア作家のイワン・ゴンチャロフの描く『オブローモフ』や夏目漱石が『それから』でいうところの「高等遊民」に憧れていました。

高校生の時は公務員や弁護士になることを漠然と頭に描いていたのですが、大学は法科ではなかったので、「サラリーマンになるしかないな」という気持ちで就職活動を始めました。

「働きがいのある会社」をめざした私の世代の仕事感

人生の大半を仕事で過ごすのですから、仕事をする以上は、仕事で自己実現したいという思いがありましたので、いざ働くとなったら懸命に取り組む真面目さも持ち合わせていました。

就職活動は東京中心に行い、主に回った企業は銀行や保険会社で、その中に北陸銀行がありました。富山生まれとはいえ、子どもの時から転居続きでしたし、大学も信州でしたが、北陸銀行に入社したことには、土地の縁というものを深く感じます。

話を戻します。北陸銀行へ就職してから4年目の1986（昭和61）年、北海道旭川市の支店に勤務していた時、叔父の釣谷圭介からシーケー金属への転職を打診されることになりました。すでに北陸銀行の本店に根回し済みで、支店長からは「君がいなくなっても北陸銀行は困らないが、叔父さんの会社は困っているのだろう？　俺なら行くね」などと言われ、背中を強く押されました。

万年中小企業からの脱却をめざしてシーケー金属で働くことに

私が入社した頃のシーケー金属は、鉄管継手製造の伝統はあるけれど、利益の出ない万年中小企業でした。他社と同じような、特徴のない製品を、同じように作っていたからです。

私が入社する前、この会社は、社名がまだ中越可鍛だった1960（昭和35）年に、高岡市内の二上地区（守護町）で1万坪の土地を購入し、新しい鋳造工場と焼鈍工場を建設しました。日本政府が外貨準備のために輸出促進政策を採ったことを背景に、日本製の鉄管継手は世界的な評価を得て、1968（昭和43）年に中越可鍛は、輸出貢献企業として通商産業大臣から表彰されました。とにかく作れば売れる時代でした。

1972（昭和47）年には、社運を賭してデンマーク製高速自動造型機「ディサ」を導入しました。ところが、この新鋭造型機は暴れ馬のように制御が難しく、作れば作るほど不良品が発生しました。作れば売れる時代に、中越可鍛は売れる物を大量に作れなかったのです。

私が入社した1986（昭和61）年、日本経済はバブル景気を迎えようとしていました。

「本業」で勝ち残るために、オンリーワンに挑戦

1994（平成6）年、私は工場長に昇進しました。その頃になると、中小企業診断士という経営コンサルタントの国家資格を取得していたこともあり、自社の経営課題は具体的に把握していました。すでに、バブル景気は崩壊し、大不況の時代といわれていまし

富山県高岡市京町にあった中越可鍛(現・シーケー金属)の本社。1960(昭和35)年頃撮影。

富山県高岡市京町にあった中越可鍛（現・シーケー金属）の工場。1960（昭和35）年頃撮影。

中越可鍛（現・シーケー金属）は1960（昭和35）年に高岡市守護町への移転を開始した。

守護町工場へ移設した造型ライン。

た。端的に言って、本業で勝ち残ること――それが最大の課題でした。それには、新製品の開発が急務だと思って取り組みました。

１９９７（平成９）年4月1日、私はシーケー金属の第8代社長に就任しました。午前8時に、シーケー金属の食堂に社員全員を集め、「皆さんにとって働きがいのある会社にしようと思う。一生懸命に働いてほしい」と呼びかけました。

当時は、シーケー金属が80周年を迎える直前で、「１００年企業に向けて、この会社をどうデザインしていくのか」と、長期的観点から会社の方向性を自問自答していました。１９９０年代末は「失われた10年」と言われた時代であり、文字通り先が見えない状況でしたが、たとえ不況下でも成長をめざし拡大均衡にこだわりました。

シーケー金属社長に就任した著者（左から2人目）。
その右が前社長の西村幸彦。1997(平成9)年4月2日撮影。

転校続きの子ども時代に培った感性が、今の会社経営に生きる

前述したように、私は転校続きの子ども時代を過ごしています。よくもまぁグレなかったなぁ……と思うほどですが、精神的には鍛えられたように思います。こうした子ども時代を経験したことで、「他の人と違っても自分は平気」という自信が芽生えたように思います。

私が通学していたのは、今から50年前の小学校です。突然、転校する度に、〝聞きなれない方言〟を話す〝見知らぬ人〟に囲まれてきたのです。そうした体験から、「他の人と違っていても自分は何とかなる」、「むしろ自分のほうが本当は正しいのではないか」という自我が育まれました。つまり、周りから圧力をかけてこられようとも、世間の人がどっちを向いていようとも、それが正しいとは限らないと知ったのです。「本質は何か」、「この事態はしばらくしたらどうなるのか」ということを冷静に観察しようとするのは、子ども時代に培った感性なのかもしれません。

だから、世の中が大不況と言われているときでも、私は迷わず拡大均衡路線を選択し続けました。

そもそも、頑張った人に頑張った分の正当な報酬や相応しい地位を与えたいと思って

も、会社の業容が縮小していては、ゼロサムゲーム*さえ成立せず、誰かが犠牲になってしまいます。しかし、会社が成長路線にあれば、必ず頑張った人たちに報いることができる、というのが私の考えです。業容の拡大に際しては単なる精神論に陥ることなく、着実に成長する仕組みづくりに専念することを大事にしました。

最も重要視したのが新製品の開発です。採用すべき経営戦略は、企業の業種業態によって異なるものですが、シーケー金属の場合は独自ブランドの「ＣＫ」を保有していたので、製品の差別優位化戦略が最適と判断しました。以来、「オンリーワン製品」をめざして新製品の開発に励みました。その際、地球環境にやさしい製品作りに注力したこと、また、グッドデザイン賞やものづくり日本大賞などを獲得したことについては後述します。

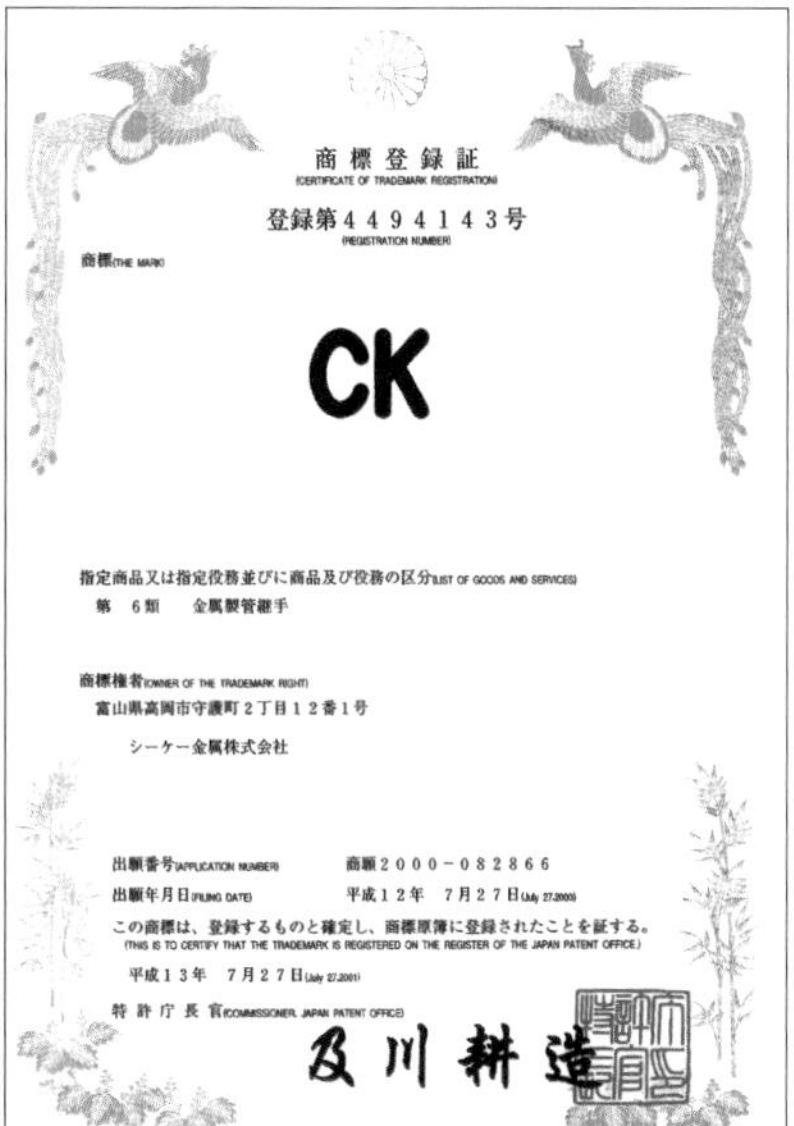
商標登録証
(CERTIFICATE OF TRADEMARK REGISTRATION)
登録第４４９４１４３号
(REGISTRATION NUMBER)
商標(THE MARK)
CK
指定商品又は指定役務並びに商品及び役務の区分(LIST OF GOODS AND SERVICES)
第　６類　　金属製管継手
商標権者(OWNER OF THE TRADEMARK RIGHT)
富山県高岡市守護町２丁目１２番１号
シーケー金属株式会社
出願番号(APPLICATION NUMBER)　商願２０００－０８２８６６
出願年月日(FILING DATE)　平成１２年　７月２７日(July 27,2000)
この商標は、登録するものと確定し、商標原簿に登録されたことを証する。
(THIS IS TO CERTIFY THAT THE TRADEMARK IS REGISTERED ON THE REGISTER OF THE JAPAN PATENT OFFICE.)
平成１３年　７月２７日(July 27,2001)
特許庁長官(COMMISSIONER, JAPAN PATENT OFFICE)
及川耕造

2001（平成13）年　シーケー金属はCKマークを商標登録した。

＊ゼロサムゲーム　参加者全員の得点合計が常にゼロである得点方式のゲーム。一方が得点すると他方は失点するため、持ち点の和が必ずゼロになるというゲーム理論。

困難な時期も社員一丸となって、過去最高益を計上

２０１１（平成23）年は、グループの持株会社として株式会社ＣＫサンエツを設立した大きな節目の年ですが、ご存知のように東日本大震災の年でもあります。その３年前には、リーマンショックもありました。

こうした経営難の時期には、リストラや賞与カットに踏み切る会社がありましたが、私には、それはその場しのぎにしか見えませんでした。私は自分の任期が４～６年とは思っていませんでしたし、その場しのぎの考えはまったく頭にありませんでした。どんな環境においても、それまで自分自身でつくり上げてきた人材や会社の仕組みを信じて努力すれば、必ず道が拓けると思っていました。

２００８（平成20）年のリーマンショックのときも、２０２０（令和２）年のコロナ禍のときも、需要が激減して、他社と同様に当社でも工場の稼働を停止することがありました。その時、私は社員に「ゆっくり休んでください。給与も賞与も、一切カットせずに支給しますから」と話し、大掃除をさせたり草取りをさせたり社員を雑用に使うことはしませんでした。「その代わり需要が回復したときは、もしかするとすごく忙しくなるかもし

れないから、そのときは協力してください」とだけ伝えておいたのです。

需要が回復し、工場を再稼働させる際、得てして立ち上がりに遅れが出ますが、そうならないようにする人心掌握術が大事なのだと思います。

他社では、稼働を再開するにも、労働組合の許可を得る必要があったり、取締役会の決断が遅れたりすることもあったようです。しかし、当社の場合は稼働を停止したいと思ったらすぐに実行し、再開するとなればいきなりトップギアに入れることができました。労働組合と相談しながら、休日計画を立てる会社ではそうはいきません。

また、残業についてはもちろん社員の自主性を尊重していますが、社員は「ここで頑張ったらもうかるんですよね？」と自発的に確認してきます。それに対し私が「そうだよ」と答えると、後は何も言わずに一生懸命に働いてくれるので、当社には在庫切れや納期遅れがほとんどありません。

私は、ときには無茶《むちゃ》なことも言いますが、その反面、「社員に何の責任もないときに給与や賞与をカットするのは卑怯《ひきょう》」という私自身のモラルと照らし合わせて対処するようにしています。

社員はそれに呼応する形で、受注が突然増えてもしっかりと対応してくれます。だから

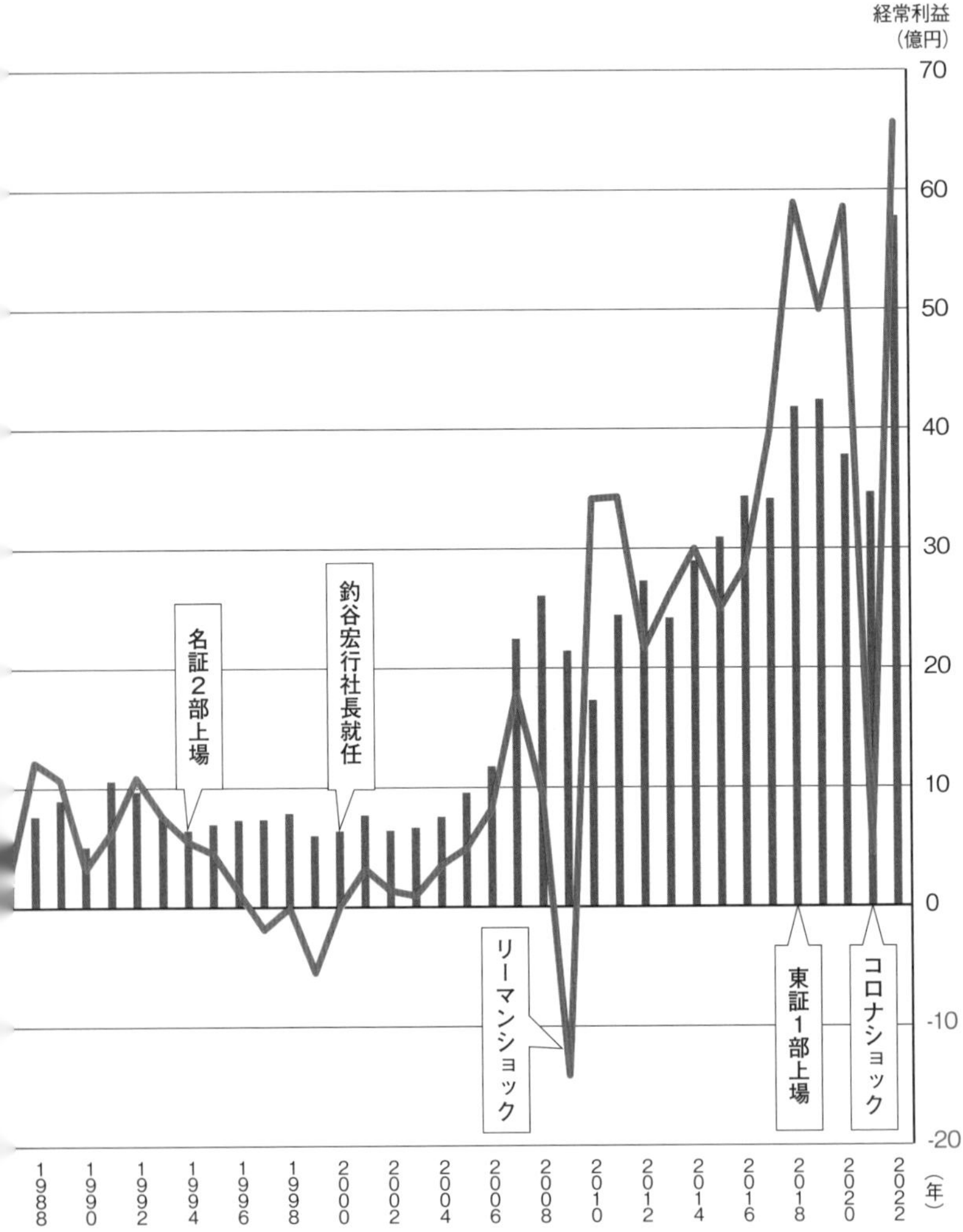
経常利益
（億円）
70
60
50
40
30
20
10
0
-10
-20
名証2部上場
釣谷宏行社長就任
リーマンショック
東証1部上場
コロナショック
1988
1990
1992
1994
1996
1998
2000
2002
2004
2006
2008
2010
2012
2014
2016
2018
2020
2022
（年）

■図表-4　売上高と経常利益の推移

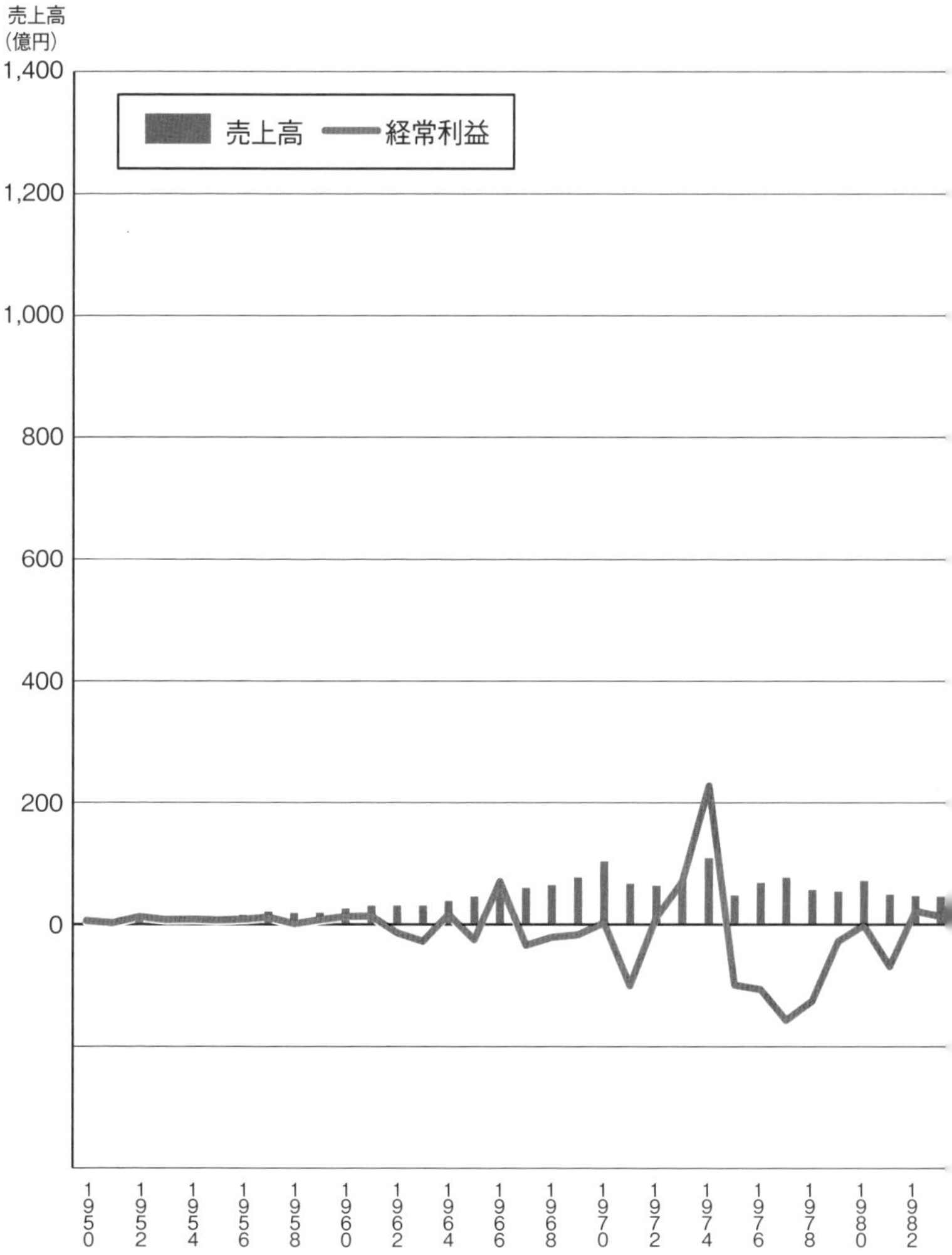

＊株式会社CKサンエツ（2011年まではサンエツ金属株式会社）の連結財務諸表による

こそリーマンショックやコロナショックなどの危機に直面しても社員一丸となって乗り越え、その直後には過去最高の利益を計上してきました。

　こうしてCKサンエツグループは成長拡大路線に乗って、２０１８（平成30）年３月22日に東京証券取引所市場第一部に上場を果たし、市場区分が変わった２０２２（令和４）年４月４日からは東証プライム市場に上場しています。

　この市場は、旧東証一部上場企業のうち特に優良な企業を対象としているものです。

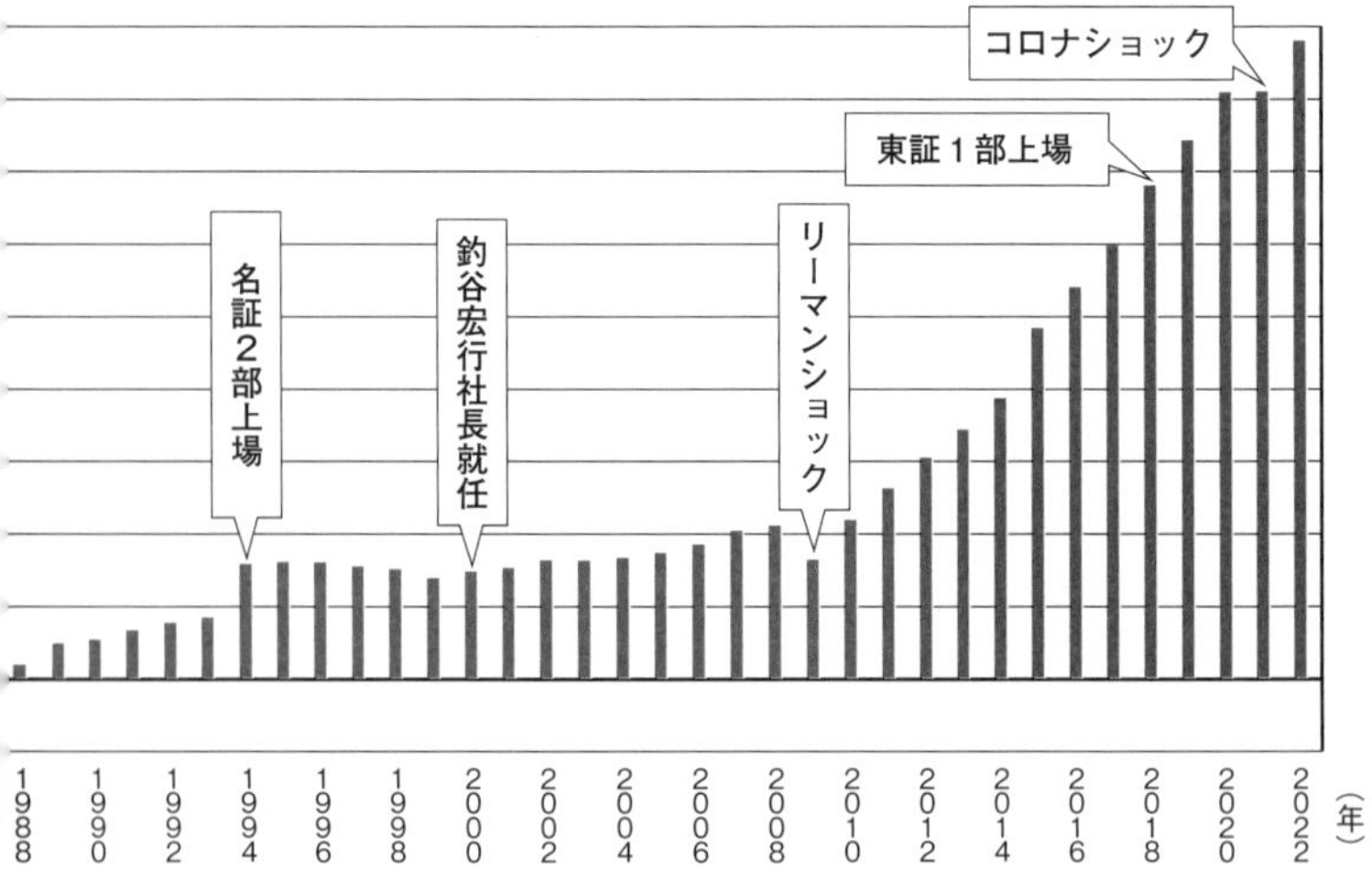

GPTW「日本における働きがいのある会社」で製造業トップに

以前、我が社の採用関係のパンフレットをリクルート社の関連会社に作って貰ったことがあります。その際に女性の制作スタッフが「社員さんに直接取材してもいいですか」と言うので、自由に取材してもらいました。それが功を奏したのか、とても内容の良いパンフレットが完成しました。

社員にインタビューした女性スタッフは、「この会社はすごいです！」と興奮して話しました。そして、「GPTW（Great Place to Work®）」（働き

■図表-5　純資産の推移

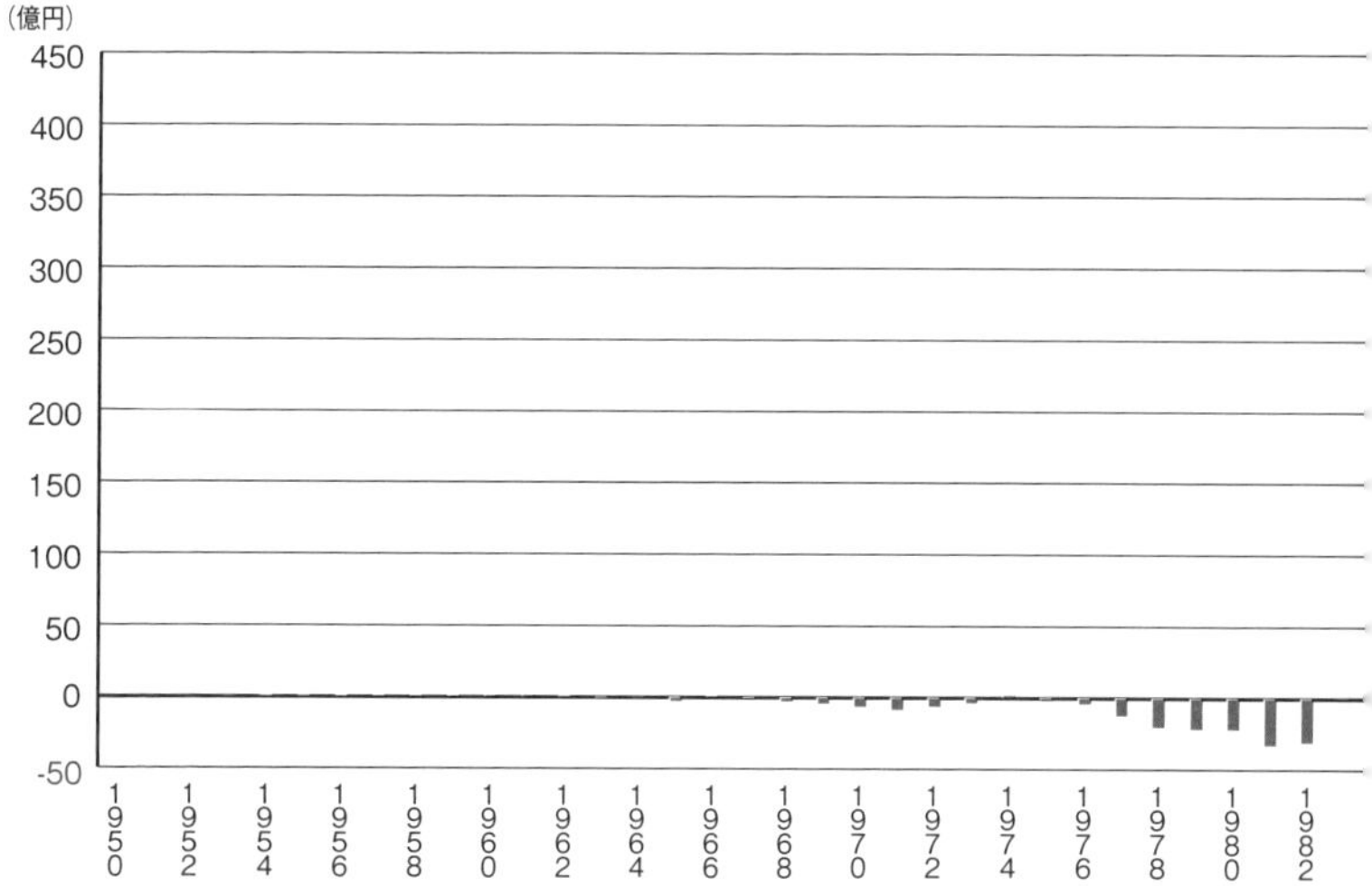

＊株式会社CKサンエツ（2011年まではサンエツ金属株式会社）の連結財務諸表による

がいのある会社）というコンテストにエントリーすれば、絶対に当社はランクインすると断言してくれたのです。

その言葉を私は最初、営業トークだと思っていたため、「検討してみます」と返事はしたものの、「その手には乗らない」と応募はしませんでした。

ところが、しばらくたってからのことです。

その年は、新卒採用のみとしてきた当社にしては珍しく、業容の急拡大に伴う人手不足を補うために中途採用者を募集していました。採用試験に現れた人の中に少し変わった志望動機の男性がいて、「妻がぜひ御社に転職しなさいと勧めるので来ました」と言うのです。

詳しく話を聞いていくと、その男性の妻は当社の採用関係のパンフレットを作成した女性スタッフでした。この一件から女性スタッフの言葉が、決して営業トークではなかったということに改めて気付かされて、すぐにGPTWに申し込む手続きをしました。

初回の結果は、中規模部門の41位（2017年）でした。とはいえ、製造業では当社がいちばん上のランキングでした。よく見ると北陸地区の会社でランクインしている会社は当社以外には一社もありませんでした。

41位とはその上に40社がランクされていたわけですが、コンサルティング会社やサービス業や情報通信産業や、ゲーム制作などを得意とする若い経営者の会社ばかりでした。当社のように「モノづくり100年」というトラディショナルな会社、メーカーらしいメーカーがほとんどランクインしていなかったのです。

一般的に理系の学生であれば、AI関連などのIT企業に勤めたい人たちが多いように思うかもしれませんが、決してそんな学生だけではありません。例えば、工学部で物質工学・材料工学・機械工学・電気工学などを専攻する学生の中には、日本が得意とするモノづくりのメーカーで働きたいという人も必ず一定数いるものです。私は中規模部門に限った順位とはいえ、当社の他にメーカーが名を連ねていないことを好機と捉えました。

また、「北陸という労働力市場で、いちばん働きがいのある会社です」というセールストークは、有効に機能するように感じました。元々当社は、口コミで少しずつ認知されてきた会社です。私は、GPTWは良い人材を募集するのに強力な武器になると判断し、毎年参加することにしたのです。ちなみに、当社が東証一部に上場したのも、第三者機関による格付けや認証の取得と同様の効果を期待してのことでした。

GPTWからは毎回採点シートが送られてくるので、そこで当社のウイークポイントもストロングポイントも客観的に把握することができます。私はウイークポイントを強化するよりも、きちんと評価してもらえる項目を大事にし、そこで着実に点数を取ることを考えました。確かに十分な点数が取れていない項目もあるのですが、敢《あ》えてそれは気にしないようにしたのです。

GPTWの評価を基に、社員の待遇を改善

その理由は明快です。日本全国には約300万社の会社があるといわれ、それに対して新卒の学生は約100万人います。100万人の学生に対し、当社が採用したいのは当社に相応《ふさわ》しい30~40人です。当社はすべての学生から指名される必要はないのだと思いました。したがって、「待遇においてはこの点を重視しました。どうです？当社で働いてみませんか」と、具体的に特長をアピールすることが効果的と判断しました。

GPTWによる評価は、社員に対するアンケートを集計した点数と、与えられた質問に会社が回答したものに対する評価点によるものです。

当社が高評価されたポイントは①夜勤廃止、②年次有給休暇の計画的付与、③賞与支給額年250万円固定、④新社員寮122室整備、⑤全額会社負担の社員旅行、⑥社員株主の優遇制度——の六つです。

本書では、当社が社員にとって、いかにしてGreat Place to Work®（働きがいのある会社）になったのかを様々な観点から語っていきたいと思います。

第1章

動乱の時代を生き抜く企業

——かつてない危機に直面しても、持続的に成長できた理由

1. 高度経済成長が期待できない環境では、創意工夫や新たな戦略が必要

「鉄管継手」と「黄銅棒・線」がCKサンエツグループの本業

CKサンエツグループの100年超の歴史のうち、私が社長として切り盛りしたのは、1997（平成9）年以降の25年間です。北陸銀行から転職して以降、36年の月日が経過しています。

つまり、約100年のうち3分の1の期間は、この会社と共に生きてきたことになります。そして、残りの3分の2は、先人たちの歴史です。現在、社長を務める私は、その歴史に対して謹んで敬意を表したいと思いました。

特に、私がありがたいと思う遺産は業種の選定です。それは、シーケー金属で言えば「鉄管継手」となりますが、これに特化して事業に邁進《まいしん》したことが、CKサンエツグループの安定した経営の根幹を成すことになりました。

序章でも述べましたが、鋳物の会社は山ほどあり、機械加工をする会社も然《しか》りです。国

内のみならず、それこそグローバルで見ると、とてつもない数のメーカーがあるでしょう。しかし、鉄管継手の会社となるとメーカーの数は限定され、さらにシーケー金属のように、外注を使わず自社で一貫生産する鉄管継手は国内では唯一無二となります。その意味で、今私をはじめ社員一同が「ＣＫブランド」を受け継いでいることは、大変な幸運であるといえるでしょう。

　また、同じくグループ企業のサンエツ金属株式会社は、日本最大の黄銅棒メーカーで、日本最大の黄銅線メーカーでもあります。

　非鉄金属素材産業の中で、アルミや銅を専門にしているメーカーは無数に存在

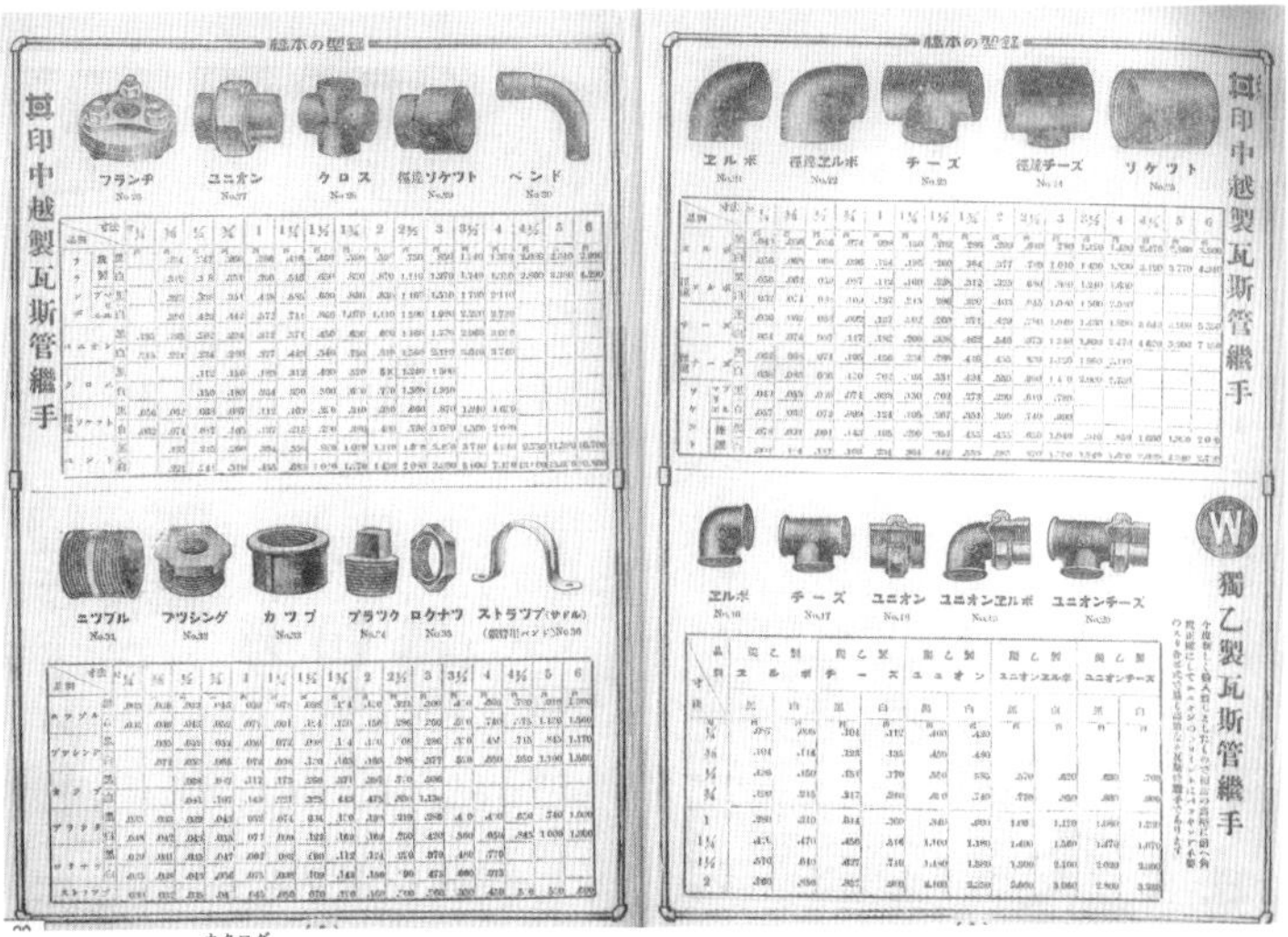

販売代理店の商報《カタログ》に掲載された中越可鍛（現・シーケー金属）の継手

■図表-6　黄銅棒・線の製造工程

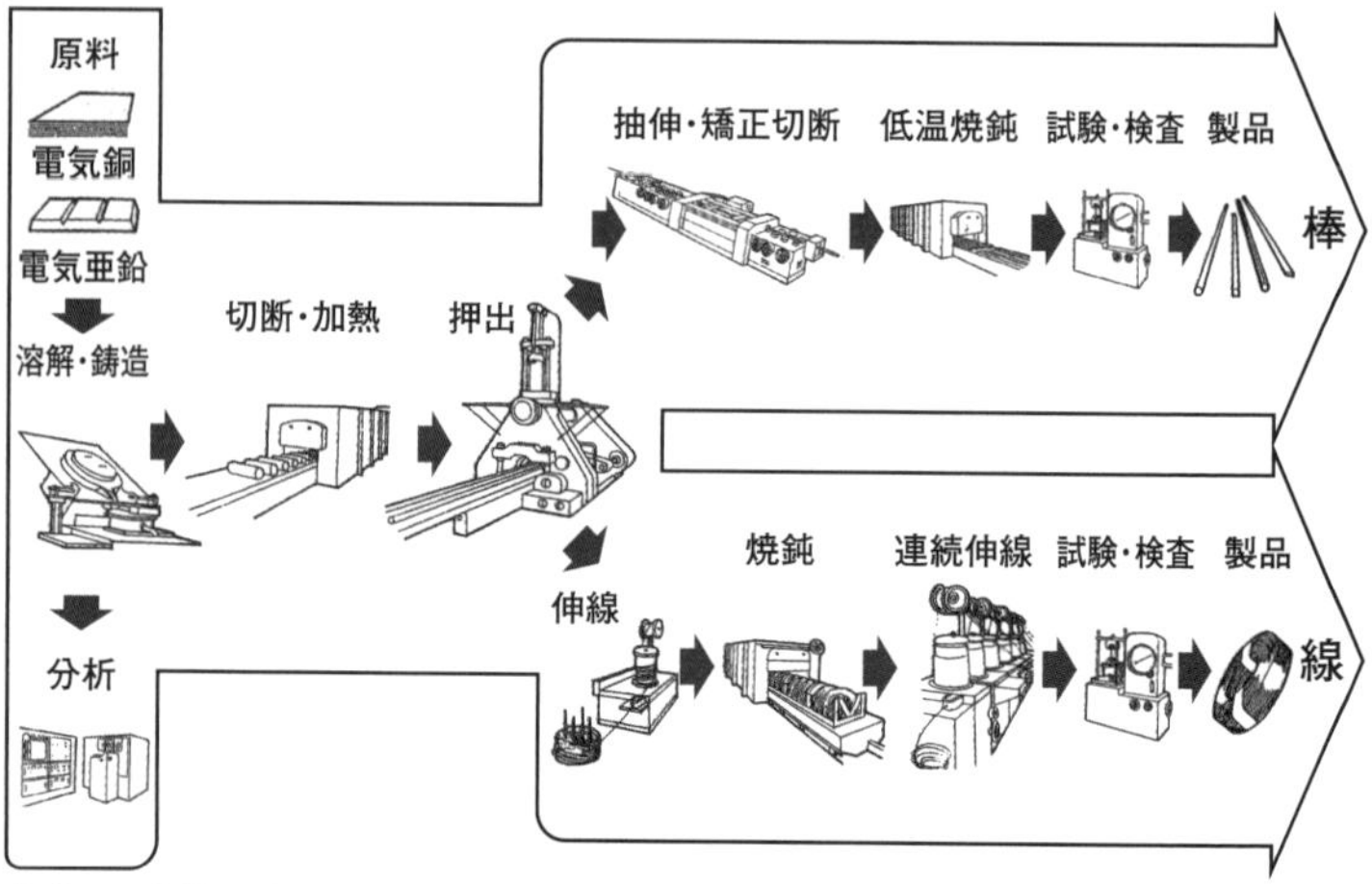

出典：一般社団法人日本伸銅協会（ホームページより）

します。どちらも単一元素の金属なので、工夫の余地が限られています。つまり、装置さえあれば、誰でも製造できるのです。製造装置を先進国から輸入し、安い労賃で生産している途上国もあります。そうなると、日本メーカーには、勝ち目がありません。

　黄銅は銅と亜鉛の合金なので、生産するには混合比をコントロールする精度の高い技術が必要です。また、耐食性、耐熱性、耐摩耗性など、様々な性質を向上させるために、第三元素、第四元素を添加しています。さらに、黄銅には使用済みになったスクラップを原料として再利用して生産するリサイクル技術も求められることから、〝混ぜ物〟のプロとして

■図表-7　サンエツ金属の環境対応黄銅棒

カドミウムレス黄銅管

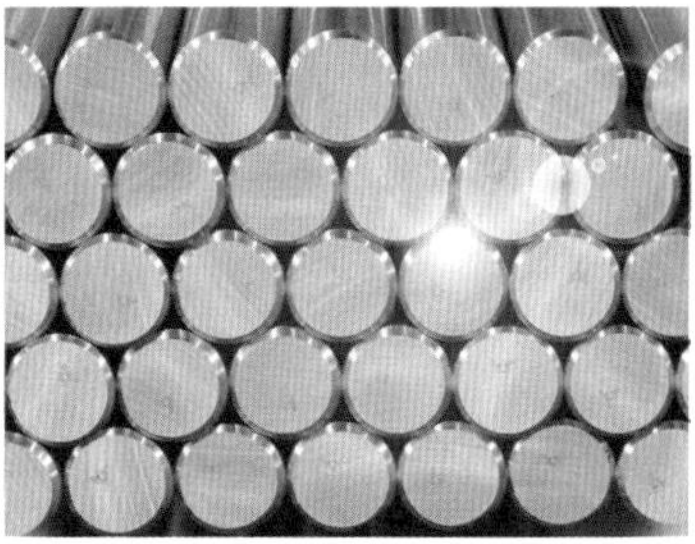

耐脱亜鉛黄銅丸棒

鉛レス黄銅六角棒

黄銅は銅【Cu】（60~70%）と亜鉛【Zn】（残部）の合金で、海外ではブラス【Brass】、日本では真鍮（しんちゅう）といいます。サンエツ金属は、黄銅素材を、安価なリサイクル原料を使用して、生産しています。

黄銅は、加工性向上のために、鉛【Pb】を添加し、また、亜鉛の不純物としてカドミウム【Cd】を含有していました。

しかし、EU（ヨーロッパ連合）は、環境規制であるRoHS（電気電子機器における特定有害物質の使用制限、2003年2月公布）と、ELV（使用済み車両に関する指令、2000年10月発効）で、鉛とカドミウムの使用を原則禁止にしました。

サンエツ金属は、世界で初めて、鉛やカドミウムなどの有害物質を一切含まない環境対応黄銅材の開発に成功し、量産しています。

サンエツ金属の環境対応黄銅材は、鉛の代替元素として飲み薬（整腸剤）に使用されているビスマス【Bi】を使用し、カドミウムは、一切使用していません。

のノウハウが蓄積される業種なのです。

通常の合金メーカーは、元素を調合してインゴットを生産するだけですが、サンエツ金属は、二次加工が容易にできるように、棒や線といった素材の形で出荷しています。単なる合金屋ではなく、「黄銅棒」、「黄銅線」といった伸銅素材の形で販売することにこだわったことが、類似企業とは一線を画す強みになりました。

今から考えると、生産品目を「鉄管継手」や「黄銅棒」や「黄銅線」に定めたことは、CKサンエツグループにとって幸運の始まりだったと思います。

しかしながら、1997（平成9）年のシーケー金属社長就任時、日本は「失われた30年」の真っただ中でした。当時はまだ「失われた10年」と言われていましたが、今に至っては「失われた40年」になりそうな気配です。

〝いちばん強い馬〟となって競走する

今や以前のような高度経済成長が期待できない時代になりました。他社と同じことを同じようにやっていれば何とかなる時代ではありません。経営上の創意や戦略上の工夫が必要になりました。オリジナリティがなければ、右肩上がりの成長軌道を描けません。日本の市場が小さくなり、経済成長が止まった状態にあるのなら、他の企業と違う優れた工夫をしなければ、会社は成長しないばかりか会社を維持することさえもできないということです。

工学系学部の学生がめざす花形産業といえば、航空、宇宙、ＩＴなのかもしれません。当社のような金属製品を扱う企業は、そうした学生にとっては相対的に魅力がなく見えたかもしれません。

鉄管継手のような製品作りは、世間的には地味な仕事です。巨大な一流企業に入社すれば、そこには派手な事業が多くあるので、配管機器事業に配属されるのはあまり目立たないようなタイプの人でしょう。

でも、当社に入社すれば、この地味な製品作りこそが花形事業なのですから、むしろ専門性があって面白い仕事と感じてくれ

1955（昭和30）年　中越可鍛（現・シーケー金属）は業界初の工業技術院長表彰を受賞した。

るのではありませんか。「ここで頑張るぞ」、「これを開発するぞ」という覚悟、そしてそこから「我々こそが世の中を驚かせるんだ」という気概が生まれてくるのではないでしょうか。

『孫子』の兵法に、面白い逸話があります。正確に言うと、孫臏《そんぴん》の兵法なのですけど。『孫子』は書名でもあり、尊称でもあるのですが、かつて「孫子」は孫武だけだと思われていました。ところが、孫武の子孫といわれる孫臏がいて、同じように兵法を説いているからややこしい。孫臏の書いたものも、昔は『孫子』と区別されていませんでした。

その孫臏の兵法の中に、競馬における必勝法が説かれています。孫臏は、自分のいちばん弱い馬を相手のいちばん強い馬にぶつけ、自分のいちばん強い馬は相手の二番手に、自分の二番手の馬は相手の三番手にぶつけました。「そうすれば必ず2勝1敗で勝てる」という理屈なのです。

例えば、大手企業の中でいちばん強い馬は、航空・宇宙などの分野に配属されます。二番手、三番手の馬が、配管や合金棒線に配属されることでしょう。

一方、シーケー金属のいちばん強い馬は配管に使う鉄管継手ですが、競合する相手企業の中では配管分野は二番手、三番手の馬になります。したがって、当社が本気を出せば、新製品開発などで優位に立てる確率はかなり高くなるだろうという確信がありました。

たとえ大手であっても、注力していない製品群や事業領域があるはずです。相手が巨大企業でも、海外子会社やＯＥＭ（相手先ブランドによる生産）によって社外から調達している製品などがあれば、そこに勝機を見出すことができます。その結果、当社の新製品が業界で脚光を浴び、配管製品分野では技術力に優れた先端的なイメージが定着していきました。サンエツ金属の主力事業である黄銅棒や黄銅線の分野でも、まったく同じことが見られました。

2. 成長エンジンは二つ——新製品開発によるオンリーワン戦略とM&Aによるナンバーワン戦略

M&Aが成功する秘訣は人材格差にあり

当社の成長エンジンは二つありました。新製品開発によるオンリーワン戦略と、M&Aによるナンバーワン戦略です。

私が取り組んできたM&Aでは、自社の人材の質の高さが必要でした。実は、M&Aは社員の人材格差がないとなかなかうまくいかないものなのです。

受け入れた側の社員は、いわば占領軍に進駐されているような気分になりますが、それは仕方のない感情です。占領軍の側には、金属の知見もないのに、大手商社や銀行や異業種の会社から派遣されてきた人もいました。

当社が他社と提携（合併・買収）した場合、その成否は提携先の社員ができないことを当社社員がやってみせられるかどうかにかかっています。

提携（合併・買収）先の事務所や工場へ行って、威張っているだけではうまく機能しません。また、感謝されるのは、提携先の社員が困っていることを的確にサポートする「小さな親切」です。相手がわかっていることをがみがみ言っても「大きなお世話」になってしまいます。商社や銀行から転職してきた人が偉そうな顔で、「挨拶が下手だ」、「敬語の使い方が間違っている」、さらには「レポートの書き方がなっていない」などと言えば、これは大きなお世話ということになります。

当社が派遣・配属する社員は、どうすればこの製品をもっと効率的に生産できるのか、どこをどうすれば不良品が減るのかなど、収益を向上させるための方策を具体的にアドバイスするための〝支援隊〟です。

人材格差があれば、受け入れる側の人たちにとって福音（グッドニュース）がもたらされるはずです。

『新約聖書』の中の福音書には、イエス・キリストが奇跡を起こす場面が多く登場します。水を葡萄酒に変えたり、パン5個と魚2尾を5000人に行き渡る量に増やしたり、一人息子が死んで母親が悲しんでいたら生き返らせたりしています。シンプルな話としてはイエスが湖の水面を歩いたなど枚挙にいとまがありません。これは、イエス・キリストでさえ、人の心をつかむのに奇跡を必要としたということではないでしょうか。

当社の社員が提携（合併・買収）先の社員の心をつかむときにも、提携先社員にはできなかったことをやって見せる「奇跡」が必要なのです。ただし、当社社員の場合は、本物の奇跡ではなく、科学的に論証できることばかりですが……。

職場に信頼関係を構築すれば、業績は上向く

提携（合併・買収）先の企業に、様々なノウハウを持っている当社の人材を一気に複数送り込むことで、短期間で提携先社員の心をつかむことができます。例えば、当社からAという社員を送り出してしばらくすると、そこの社員は口を揃えて「私たちはAさんのチルドレンなんです」と言うほど心服してしまうわけです。

一旦、信頼関係やチームワークができてしまうと、会社の業績は一気に上向きます。作れば作るほど不良品が増えて、利益が出せずに親会社から派遣されてきた社長に怒られ、挙句の果ては減給されて働く意欲を失うという、それまで何度も繰り返された悪循環から、何事もなかったかのように脱出することができたのですから、それはやはり奇跡＝ミラクルとしか言えないことだったでしょう。私が言う、人材格差がM＆Aを成功させる理屈とはこういうことなのです。

もう一つ言えば、いわゆる巨大企業で管理職に就いている人は、新入社員研修のときにしか現場経験がありません。その点、当社では現場で働いていた社員がその後、品質管理

や製品開発を担当しています。ですから、提携（合併・買収）先に社員を管理職として送り込んだとしても、現場も間接業務もすべてを知っているという強みがあるわけです。

例えば、親会社の商社から派遣されてきた人たちは適応力が高く、レポートや議事録の作成についても、しっかり訓練を受けているので、上手に書き上げます。しかし、現場の問題には何も対応できません。

メーカーはレポートの作成で売上を伸ばすわけではなく、あくまでも顧客が喜んでくれる製品を提供できるかどうかで勝負しているのです。そこが、当社の社員と巨大企業の幹部との大きな相違点だと思っています。

3. 工場体験を重視

ナンバーワン工場を持つメーカーへ

当社では、入社後はどんな大学を卒業した人でも営業職と事務職以外はすべて工場勤務から始まります。大学院を修了して入社した人も、最初は全員工場の中で働くことになるわけですが、それはとても重要なことだと考えています。こうした体験を通じて、頭では考えられない経験や技能、知恵が身に付くからです。現場のことも、人間関係のことも一応理解していなければ、いくら優秀な人材でも、当社ではその才能が開花することはありません。

サンエツ金属は、１９３７（昭和12）年に東京・江戸川区で創業しました。そして、私がシーケー金属の社長に就任した１９９７（平成９）年当時、シーケー金属は、サンエツ金属の筆頭株主でした。

サンエツ金属は４期連続の経常赤字を計上していたので、筆頭株主の社長である私から当時の社長に経営方針に対する疑問を投げかけました。しかし、それは糠《ぬか》に釘《くぎ》でした。「なぜ4期連続の赤字を放置しているのか」と問い詰めても、ほとんど回答できないほど、その時の社長はレームダック*状態に陥っていたのでした。業界内を見渡すと、どの会社も、サンエツ金属と同じように赤字でした。他の会社と同じことを同じようにしていては、同じように赤字になるのは自然の道理でした。

そうした中、2000（平成12）年にサンエツ金属の第10代社長に就任した私は、この会社を「ナンバーワン工場」を持つメーカーに生まれ変わらせようと決心しました。メーカーとして収益を上げていくならば、どこに

サンエツ金属は阪根伸銅合名会社東京伸銅所を基に創業した。1932（昭和7）年頃撮影。

*レームダック　「足の不自由なアヒル」の意。任期中だが、政治的に影響力を失った政治家などのことをいう。

黄銅棒メーカー最大手へ

サンエツ金属

釣谷宏行社長に聞く

技術交流から生産向上を

サンエツ金属は1日付で住友軽金属工業グループの新日東金属を吸収合併し、国内最大手の黄銅棒メーカーとして新たなスタートを切る。今後は新日東の製造拠点だった石岡工場との間で技術の交流や生産分業を行い、経営効率の向上をめざす考えだ。合併の狙いや今後の方針などについて釣谷宏行社長に話を聞いた。

――なぜ他社を吸収合併したのか。

「1社単独では将来生き残れないからだ。近年、国内需要が落ち込む一方で韓国や中国からの輸入品は増えており、危機感を強めていた。だが、日本の黄銅棒メーカーは規模が小さく、国際競争力が低い。海外大手メーカーに伍していくには、どこかと提携するしかないと思った」

――相手が新日東金属だったのはなぜか。

「当社は2000年に住友金属鉱山伸銅から黄銅棒と線の事業を譲り受けている。新日東の親会社である住友軽金属さんもやはり住友系なので、安心してお話できた」

「設備面の理由も大きい。新日東が持つ5000トン押出機は、直接式では国内最高レベルの設備だ。直径300ミリのビレットを押せるが、当社の3350トン間接押出機も同じ大きさのビレットを押すことができ、設備に互換性がある。また、新日東は直棒ラインも所有している。太くて品質の良い黄銅棒を生産するのに直棒ラインは必要不可欠で、ぜひ欲しいと思っていた」

――合併合意までの経緯は。

「住友軽金属の桝田和彦社長と直接話をしながら進めた。桝田社長は良いものは良い、駄目なものは駄目とはっきりおっしゃるが、話したことは守ってくださる。非常に信頼できる方だと思った。最終的には先方のご意向に沿った形で当社が案をまとめ、桝田社長と直接お会いしてご提案した」

――合併効果を最大限に発揮させるため何をする。

「距離をどれだけ縮められるかに尽きる。これまでは一番離れた工場間も車で30分の距離だったし、大連や上海の拠点にも2時間半で行けた。石岡工場は砺波本社から5時間かかる」

「距離を縮めるためにも情報と人材の共有化をめざす。情報面の対策として3000万円のテレビ会議システムを10月中旬までに導入する。国内外15カ所の映像を同時中継し、12カ所の映像を1度に画面に映すことができる。これを使えばどこで緊急事態があっても迅速な対応ができる」

――人材の共有化は。

「10月1日付で当社から石岡工場に第一線の優秀な人員を5人派遣する。生産・品質管理や設備改善、工場マネジメントなどをしてもらう。また、これとは別に相互技術交流会も企画している。当社側からは8割、石岡からは9割以上の人が参加する予定だ。土日を利用して石岡に行って技術を学習する1日留学も奨励する。交流が進めば技術はさらに向上するだろうし、生産効率や品質も一層改善するだろう」

――石岡工場はどうする。

「名前は新日東工場に変更するが、それ以外は、少なくとも来年4月までは今まで通りでいく。製品のコード番号もすべて残すつもりだ。ただ、将来は砺波、高岡とは別のものを作る分業体制になるだろう。ユーザーの認証が必要だからすぐには無理だが、数年後には形が見えてくるのではないか。各工場ごとにこれは絶対他社に負けないというラインを作りたい。石岡には米チェースブラス社製の70トン保持炉がある。大型なので成分のバラつきが少ない原料を作ることができる」

――新日東と取引していた流通との関係は。

「すべてこれまで通り引き継ぐ。新日東の販売価格や取引形態もそのまま維持する」

――今回の合併は黄銅棒業界が変わるきっかけになると思うか。

「一部の流通がメーカー各社に価格競争を要求する中で極端な安値を提示し、それに業界が引きずられるような状況が是正されるきっかけにはなるかもしれない。メーカー数が減れば過度な駆け引きはできなくなる」

――原料購入の方法は見直すか。

「今後、詳しい状況が分かった時点で価格を含めて適切なお願いをすることもあり得る。当社はサンエツ原料協力会を通じて原料の購入を決めているが、石岡についてもそうするかもしれない」

――月産1万トン体制をめざすとしている。

「石岡も含め当社の設備をフル稼働させれば1万トン生産できる能力はすでにある。ただ、それでは需要がついてこないので他社と提携や合併したりするのも1つの方法だろう」

（山田　邦和）

日刊産業新聞　07.10.1

黄銅棒メーカーの業界ナンバーワンへ（2007年10月1日　産業新聞より）

でもあるような会社ではなく、かけがえのない会社になるしかないと考えたのです。

サンエツ金属は黄銅棒・線の製造業で、いわゆる素材産業です。素材産業の競争力は、会社の規模で決まります。そこで、M&Aによって業界を再編し、スケールメリットを追求することで業界の「ナンバーワン工場」をめざすことにしたのです。

4. 本業で勝ち残るためには余計なことはせず、本業に専念

社員が本業に徹し協業することが成長の原動力に

リーマンショックの時、東海道新幹線に乗車していると、車窓から次々に見えるいろいろな会社の敷地内で社員たちがせっせと草取りをしていました。その時、「こんなことをさせてはいけない」と内心思ったものの、この国では決してそれは異常な情景ではありませんでした。

社員の本分とは何か——例えば、大相撲の力士に「今日、取り終わったら、帰りに大根1本買ってきて」と、お使いを頼むのはおかしいでしょう。社員に敷地内のトイレ掃除や機械磨き、ドブさらいや草取りをさせるのは、それと同じことだと思っています。それは、私に言わせると筋違いも甚だしいのですが、今でもそういった会社は少なくありません。

もし当社が清掃会社だったら、当然のように窓拭きなどをしてもらうことになりますが、そうではないのです。それは、社員にやらせることではありません。昔は社員が年末

の大掃除をしていましたが、今、当社ではすべて業者に依頼してエアコンの中のフィルターまで清掃してもらっています。経費節減の目的で社員に清掃をやらせたために怪我《けが》や事故に見舞われたら、それこそ本末転倒であり、会社としては大損害です。

大事なことは、本業でないことは社員にさせないということです。禅寺の雲水なら作務《さむ》も修行のうちですが、一般企業では悪い意味での精神論、シゴキのようなことになりかねません。

かつては当社でも、工場では掃除はもちろん、床のペンキ塗りやライン引きに至るまですべて社員がこなしていました。その慣習を私が廃絶しようとしたとき、案の定、社外役員などからいろいろと批判を受けました。ドブさらいや草取りは地域共同体の一員として、住民と一緒に行うべきことで、社員の本分かどうかの問題ではないという道理でした。それでも私は草取りをしてくれる人を雇いましたが、これは、批判をする人たちからは理解されませんでした。

誰にでもできるわけではない本業でプロをめざす

イギリスの経済学者にデヴィッド・リカードという人がいます。この人が発見した「比較優位」の法則は有名です。これは、国際貿易を理解する上で、とても大事な法則となります。例えば、先進国と発展途上国の間では先進国しか利益を得ないように見えますが、そうではないことをリカードが「比較優位」の法則として証明しました。

アメリカの経済学者ポール・サミュエルソンは、リカードの「比較優位」の法則を弁護士と秘書の関係に例えて、わかりやすく説明しています。弁護士は本業で有能であるばかりか、タイピングも上手であるとします。それに対し秘書は、法律の素人であるばかりか、タイピングもそこそこのスキルだったとしましょう。そのため、弁護士は秘書を雇っていることに意味があるかどうか悩むわけです。しかし、よく考えると弁護士は自身の仕事を全うし、タイピングは秘書に担ってもらうほうが、互いの収入も社会的な価値の総和も増えることになるというのが「比較優位」の法則です。

私が当社の社員に本業以外はしなくていいと告げているのは、他の会社よりも高待遇にしたいと思っているからです。平均的な収入でいいのであれば、トイレ掃除も草取りもやってもらっていいかもしれません。

しかし、その人が他のどの会社で働くより良い待遇にしたいというのであれば、誰でもできることには時間を使わせず、誰にでもできるわけではない本業に取り組んでもらうしかないのです。これが私の「比較優位」ならぬ「プロの報酬」の法則です。

5．地方に立地するメリット
――隣接地のフル活用と社員の地元愛

工場敷地を毎年拡張し、生産能力を強化

当社のような素材メーカーや金属製品メーカーが収益を上げるには、広大な土地に大きな工場を建設して、必要な製造装置を整然と並べるのが定石です。しかし都市部では土地の価格が高いので、そう簡単に広い土地を購入するわけにはいきません。富山県に拠点を置く当社だからこそその優位性は間違いなくあって、都市部の人が聞くと驚くような価格で広大な土地を購入することができました。

地価が安いだけでなく、人口密度が低いので、騒音問題などが発生するような住宅や建物がほとんどないことも、富山ならではの〝拡張容易性〟の一要素になります。地方にあることは、当社のように拡大均衡をめざしているメーカーにとって、願ってもない好立地なのです。

地の利という点においては、「ずっと富山に住んでいたい」という人が多いことも挙げ

てよいでしょう。私には見えなくなってしまっている富山の魅力が当社の社員には見えているようで、どこか他の土地に移り住みたくなったという声はめったに聞きません。子どもの時からずっと富山に住み続け、地元の富山大学や金沢大学を卒業した人の多くは、この辺りで良い会社がないかを探します。転勤はできたら避けたいとか、親子一緒に暮らしたいとか、そういった地元愛に溢れた若者が一定数いるので、この人たちに選んでもらえる会社になればいいのです。

給料面や福利厚生面、働きがいという点では、当社にとってのライバル企業はあまり見当たりません。もちろん当社には、室温の高い工程などもあり、労働環境の面での改善余地はありますが、トータルに考えてここを選んで良かったと思ってくれている社員は多いはずと思いました。

サンエツ金属の前身は東京のメーカーになりますが、東京大空襲で全焼し、終戦間際に疎開するために富山へ移転したのです。その選択は、結果的に正しかったということになります。

私は社長に就任して、会社の借金の連帯保証人になったとき、都市部のメーカーが土地を担保に入れて何十億円という資金を借り入れていることをうらやましく思いました。なぜなら、富山の土地には、ほとんど担保価値がなかったからです。

　しかし、そんなひがみは今となってみれば、意味のないことでした。当社ほど拡張余地を有しているメーカーは少なく、地方にあることは大きな武器になると気付いたからです。今でも毎年、隣接地を購入し続けていますが、工場の敷地が毎年どんどん拡大していく会社は本当に稀なことでしょう。

　サンエツ金属は今、砺波市に黄銅棒工場として、第1・第2・第3工場棟がありますが、2023（令和5）年の春には、最大規模となる第4工場棟の建設に着手します。これは文字通りの「拡張」であり、飛び地ではありません。砺波市に四つの黄銅棒工場が一つのエリアを形成し、一体となって機能することに大きな意味があるの

サンエツ金属の本社と砺波工場。2020（令和2）年8月撮影。

です。輸送面でのメリットは言うまでもありませんが、人員のやり繰りも効率的になり、労務コストを下げることができます。

複数の工場を集約し、効率的な人員配置を実現

例えば、第1工場が2・5人分の工数を必要とし、第2工場でも2・5人分の工数を必要とした場合、各工場では3人ずつ配置しなければならず、3人×2工場＝6人が必要になります。ところが、工場が一つのエリアにあれば、5人で賄えるようになるのです。同じように0・3人分の仕事が三つの工場で発生すると、1人×3工場＝3人の配置が必要となりますが、一つのエリアにあれば1人で対応が可能になり、2人分の人件費を削減することができる

シーケー金属の本社と工場。2022（令和4）年10月撮影。

のです。

　こうした考え方は、時間軸でも同じです。一つの工場で3交替勤務にするときは、各交替番で1・3人ずつ必要とすると、2人×3交替＝6人が必要となります。でも、すべての人を同じ時間帯に投入できたら、1・3人×3＝3・9人となり4人でこなせることになります。これが、当社が昼間勤務だけの「夜勤レス」に移行した理由の一つです。

海外・外注でなく、日本で自社の一貫生産へ

　最近では、コロナ禍やロシアによるウクライナ侵攻の影響、さらには台湾情勢などを考慮して、国内生産に切り替えるメーカーも現れてきました。サプライチェーンにおける国境の存在を意識するようになってきたのです。この動きは今後加速するかもしれません。

　当社は、そうした社会情勢とは関係なく、25年以上前から国内にある自社工場での一貫生産に取り組んできました。それは、品質向上とコストダウンの一石二鳥を企図してのことでした。

　他社では、コストダウンを目的に工場の海外移転を積極的に進めましたが、私がシーケー金属の社長に就任して真っ先に断行したのはタイのバンコク工場からの撤退でした。私がサンエツ金属の社長に就任してからは、中国の大連工場からも撤退しています。

1997（平成9）年　シーケー金属はタイ国のBMCプロジェクトから撤退した。

2015（平成27）年　サンエツ金属は中国の大連三越精密部件工業の株式の全部を売却して撤退した。

国内でも、外注利用をできる限り行わず、自社での一貫生産に切り替えています。そのために、当初、機械設備を購入するときはお金が要りましたが、外注していたときに比べ大幅なコストダウンに成功しました。

当時は、生産性の高い機械を安く導入することを優先し、騒音や粉塵などの作業環境についてはニの次としました。現在のように、作業環境をすっかり改善するまでには、20年の歳月を要しました。

とはいえ、内製化はどう考えても正解でした。当社の社員は、外注先の社員より格段にリテラシーが優れていました。

社員の人的品質にばらつきが少ない組織は、均質な工業製品の生産体制にはうってつけだったのです。ちなみに、当社の社員は、ほとんどが正社員で、全員日本人です。

6. 正直者が馬鹿を見ない会社になる

期待され、期待に応え、期待を超える！

ここで1997（平成9）年4月、私が初めて会社のリーダーになった時の話に戻ります。私は社長就任の初日にシーケー金属の全社員を集め、「働きがいのある会社をめざしたい」と宣言しました。それを聞いた幹部社員たちが、「働きがいのある会社とは、どんな会社ですか」と尋ねてきました。

私はこう答えたのです。

「働きがいのある会社とは、正直者が馬鹿を見ない会社のことです。働けば働くほど報われる会社のことです。働けば働くほど社員が得をする会社のことです」と。

次に、社員たちは「どんなふうに得をするのですか」と聞いてきました。

私は「会社が社員に与えるものはお金と地位と名誉です。お金とは、給与・賞与・退職金のことです。地位とは、肩書・権限のことで、名誉とは表彰のことです」と説明しました。

すると、社員たちは「よくわかりました！　それで結構です」と納得し、翌日からは見違えるほど協力的に働いてくれるようになりました。

私は、社長一人でできることなどタカが知れていると考えていました。私が選んだ戦略は、チーム力で勝つことでした。

社員がよく働くようになれば、自然に利益が出るようになります。私はその利益を、業績に貢献した度合いに応じて社員たちに分配したのです。利益はますます増えていき、それに伴って社員たちへの待遇面での還元策も急速に拡充することができました。

こうしてシーケー金属は、経営の好循環を形成することができました。循環の推進力は「期待に働きかけること」だったと思っています。大事なことは、会社も社員も、お互いに相手の信頼を裏切らなかったということです。

社長になった私は、常に社員の「期待」に働きかけることを心がけてきました。社員は皆、「会社に協力する形で自分たちが真剣に努力すれば、必ず会社は報いてくれる」と信じて頑張ってくれました。そこで私は経営理念に「期待され、期待に応え、期待を超える」という文句を書き加えました。

同時に私は、誠実な社員を絶対に裏切るまい、見殺しにするまいと心に誓ったのです。今でも当社の社員は、私が約束することは、ほとんど疑うことなく信用してくれており、いつしか真面目で素直な社員たちに囲まれるようになったことには心から感謝しています。

真面目に働く社員が報われる会社に

社員の多くは、言うなれば地方の人たちです。元来口下手で朴訥《ぼくとつ》、ある意味、馬鹿正直な人たちが多かったのですが、それまでの経営陣はそうした人柄の良さを活かせなかったのだろうと思います。

要するに、以前は現場をほとんど見ないような上層部が経営することで、口のうまい人が出世するような会社だったわけです。その上、遊んでいる無為徒食の社員がいても注意しないというありさまでした。そういった会社は、前世紀の遺物ではなく、今でもたくさん存在しているように思いますが、かつての当社もその典型だったといえるでしょう。

そんな会社では、真面目に働く社員は報われません。真面目に働く社員ほど、損をするような感覚に陥ります。それこそが働きがいのない会社なのです。

私たちがM&Aで提携（合併・買収）してきた会社には、そういった企業風土に染まっていたところも多く、それがために停滞していたように思います。私はそんな提携先を1社ずつ「正直者が馬鹿を見ない会社」に変革していきました。無為徒食の社員には「遊んでいるなら、辞めてほしい」とはっきり告げました。当たり前の話ですが、この当たり前が、これまで日本の企業ではなかなか言えなかったように思います。

私は、提携（合併・買収）した会社には毎月1回以上、必ず顔を出して社員と対面しました。何か問題があったら、すぐに駆けつけて解決することにしていました。

よく耳にしたのは、これまで親会社から派遣されてきた社長が社員と顔を合わせたのは、就任の挨拶をしたときと、退任の挨拶のときだけだったという話でした。そうした社長は幹部会議の席でいつも「会社は赤字なので、とにかく出費を減らすように」ということ以外、何も言うことがなかったそうです。

そんな会社の社員たちは、現場を守るため、いつも必要以上に予算を申請し、必要な資材は買えるときにまとめ買いして、個々の引き出しの中にしまったり、機械の背面に隠して積んだりしていたそうです。期末近くになって、上司からの経費削減命令が出て予備部品が買えない事態に陥ると、事前に買い溜めしておいた簿外の貯蔵品をこっそり使って凌いだそうです。経営陣が現場をまるで知らないということを象徴するような話です。

〝悪しき企業風土〟の変革がM&A成功への近道

業績の悪い会社には、共通点がありました。

まず、管理職には決裁権限がありました。課長は数十万円、部長や工場長クラスでは1

00万円まで自分の判断で資材を購入することができるため、余計な資材、使わない資材が在庫として溜まっていったのです。

また、販売では値引きをするなどして、顧客に無理やり購入してもらうようなことをしていました。でも、期末に値引き販売をすると、次の期首に顧客は買い控えします。期末と期首とを合わせた販売量は、増えていないのでした。

さらには、「予算厳守」ということで、営業は会社案内や製品カタログなどの印刷物の在庫がなくなると、カラーコピーして使うなどしていました。カラーコピーのほうが、印刷物よりよほど経費がかかることは知っていました。印刷物のほうが顧客に喜ばれ、販売に有利なこともわかっていました。でも、予算を外して怒られることのほうを回避していたのです。

さらに驚いたことは、同じような部品の納品書が2枚も3枚も回ってくることでした。これも提携（合併・買収）前の会社に共通の風習で、稟議書《りんぎしょ》を上司に回付せずに購入しようと、決裁権限の範囲に収まるように細かく分割発注していたのです。

「正直者が馬鹿を見る」、「嘘をついたら何でもできる」という風土は、このようにして醸成されていったのです。

そうした社風・風土をもつ会社が、当社のグループ会社になった途端、役員や管理職が工場にどんどん顔を出すようになり、社員と一緒に仕事をするようになったのです。問題が生じると、社長自らが工場を訪れて、課題を解決しようとするのです。社風は一変し、社員の一人ひとりが同じチームで働いているという実感を持てるようになっていきました。

■図表-8　会社概要

会社名	株式会社CKサンエツ
事業内容	持株会社（伸銅事業、精密部品事業、配管・鍍金事業）
創業	1920年（大正9年）6月
本社	富山県高岡市守護町2丁目12番1号
グループ国内生産拠点	富山県高岡市・砺波市、茨城県石岡市、大阪府堺市
グループ国内営業拠点	札幌、仙台、東京、大阪、名古屋、高岡、広島、福岡
グループ海外拠点	中国上海市、台湾台中市
連結従業員数（2022年3月末時点）	約1,000人（うち正社員928人）
連結子会社（6社）	サンエツ金属株式会社、日本伸銅株式会社、シーケー金属株式会社、株式会社リケンCKJV、三越金属（上海）有限公司、台湾三越股份有限公司

■図表-9　経営目的と経営理念

経営目的
▶営利企業として、長期的利益を極大化する。 ▶環境がどんなに変化しても、本業（伸銅・精密・配管・鍍金）と本業に隣接する領域でプロとして勝ち残る。
経営理念
▶良いものだけを、安く、早く、たくさん生産することで、社会に貢献します。 ▶努力するに値するプロの仕事と、努力して働くほど報われる働きがいのある職場を提供することで、社会に貢献します。 ▶期待され、期待に応え、期待を超えるため、弛みない努力を重ねます。

第2章

環境にやさしい「世界初」の製品開発とオンリーワンビジネス

1．プラスアルファ戦略で売れる新製品を開発

環境に配慮した材質で差別優位化を図る

例えば、テレビを買い替えるために家電量販店へ行ったとしましょう。そこには多種多様な機種が並んでいるので、あれこれと迷ってしまい、容易に選ぶことができません。そこで店員さんにお薦め商品を尋ねると、「この商品は新機能が付いているのに、お値段はほとんど他の商品と変わりません」とか「今これが売れています」という決め台詞《ゼリフ》があって、ようやく私は買い物を終えることができるわけです。

当社の製品開発でも他社製品との差別的優位性を追求し、何か一つ新しい機能や価値を加え、それを他社と同じ価格で提供すれば、きっと購入してくれることでしょう。ただし、そうしたプラスアルファの機能や価値は、そう簡単に創出できるものではありませんが……。

そこで、私が考案したのは、環境にやさしい材料を採用して有害物質の不使用を宣言する戦略でした。外観は同じ、機能も同じでありながら、環境に配慮した材料を使って製造すれば差別優位化を図ることができるのです。

■図表-10　差別優位化した新製品の特長

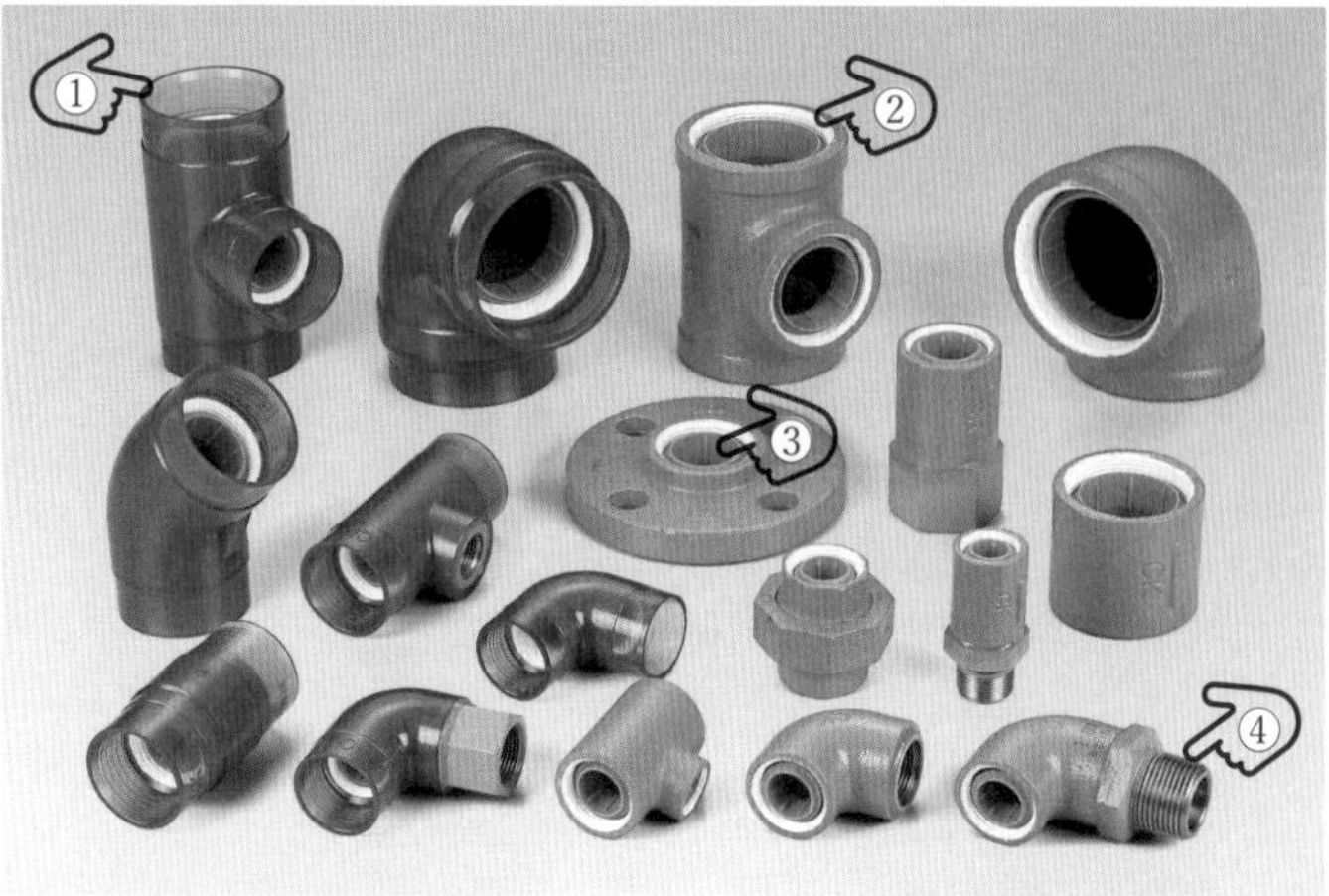

①外面を透明にしたので、パイプのねじ込み状況が目で見える。

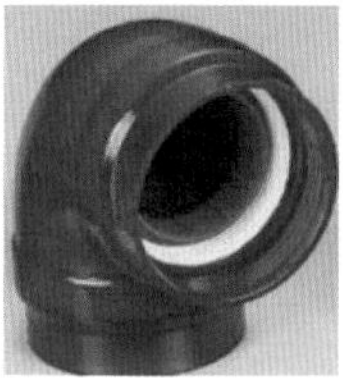

②ねじ部にシールが付いているので漏れない。

③環境に有害なダイオキシンが発生する塩化ビニルを一切使用しない「脱塩ビ」の文字を刻印している。

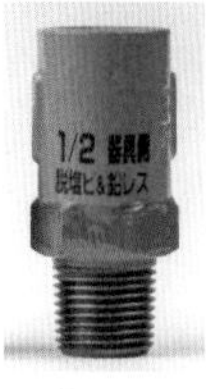

④環境に有害な鉛やカドミウムを一切含まない銅合金を開発・使用した。

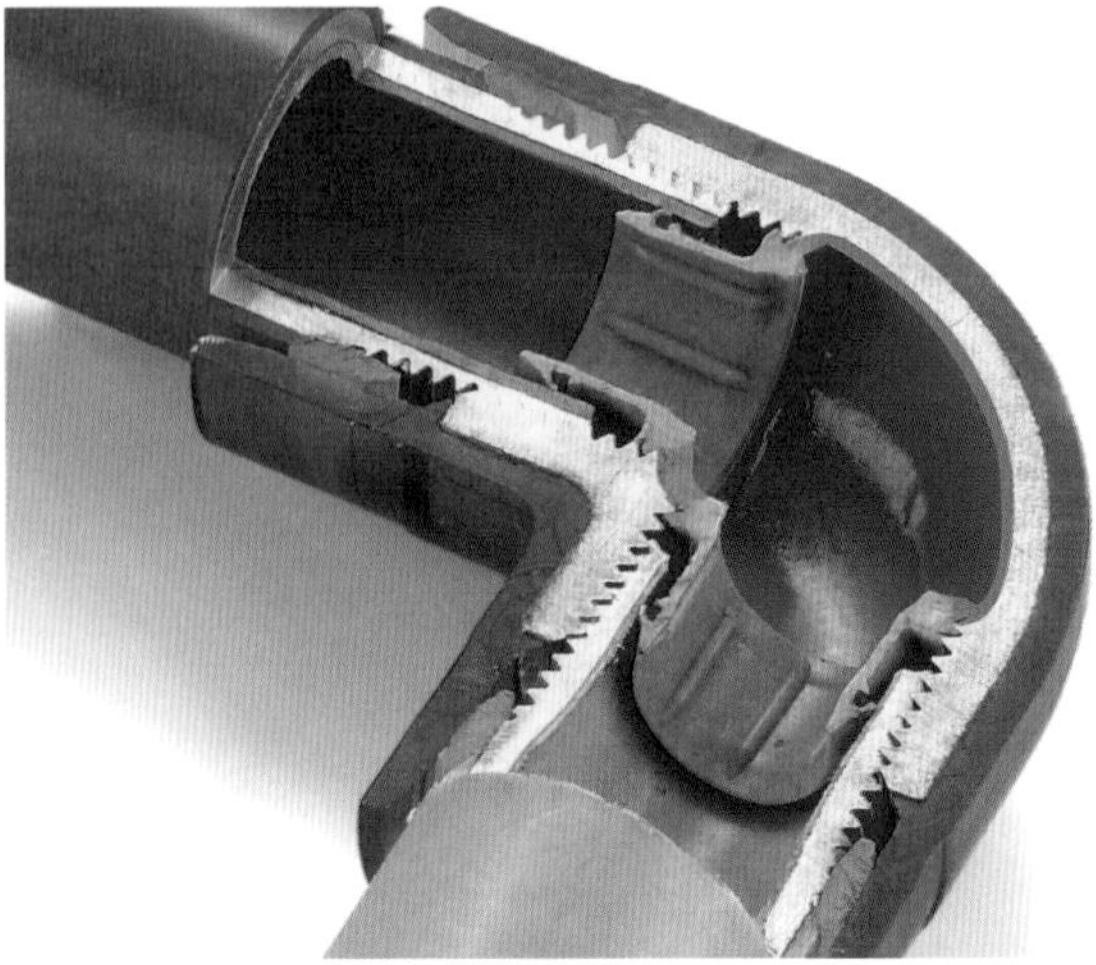

シーケー金属が開発した透明・脱塩ビ継手の断面。内外面を樹脂で覆っているため鉄地が錆《さび》ない。

私が社長に就任した1997（平成9）年より前に業界各社が開発したものに、内外面を樹脂で被覆した錆びない継手がありました。樹脂の材質に塩化ビニルが使われており、リサイクルする際、低温で燃焼するとダイオキシンが発生するものでした。つまり、継手の製造時や使用時は安全ですが、廃棄後にリサイクル処理をする場合にダイオキシンの発生リスクがあるのでした。

そこで私は、「樹脂の材料を塩ビからポリエチレンに替えて、今までにない『脱塩ビ継手』として売っていこう」と社内で提案しました。

シーケー金属が開発した脱塩ビ・透明・シール付・鉛レス・カドミウムレスの新製品群。

製品開発では差別的優位性を追求

環境対応型新製品の開発は、目標がシンプルであるがゆえに案外容易でした。基本的には同じ製品作りの中で、有害なものを除外することに集中すればよいからです。塩化ビニルはポリエチレンに代え、カドミウムを除去し、鉛を無害なビスマスに変更すれば差別優位化できるということを、この業界で最初に思い付いたのは私でした。

中小企業診断士の資格試験の受験テキストの冒頭には、「製品の差別化が重要である」と書かれていました。しかし、そのために何をどうすればいいのかについては書かれていないので、自力で編み出さなければばなりませんでした。

軋轢《あつれき》もありました。製品開発には、まず顧客のニーズを探る必要があるといわれていますが、社内の営業担当者たちはこぞって「顧客のニーズは、同じものをどこよりも安く持ってこいというものです。だから、どんどん値引きするしかありません」と言うのです。

それに対し、私が「経営は利益を残すゲームであるはずなのに、値引き競争だけではゲームに勝てない」と返すと、「私は顧客第一主義です。お客様は神様です。神様が値引きを要求しているのに、人間の分際である私たちに断れと言うのですか」と本気で反論してくるのです。

この人たちには、営業の何たるかを一から教えないことにはどうしようもないのだと思う一方、開発のスタッフと共に新製品のアイデアを捻り出し、着々と差別優位化を追求し具現化していったわけです。

ダイオキシン汚染の風評が新製品普及の追い風に

1998（平成10）年に脱塩ビ継手のサンプルが完成すると、私はそれを持参して客先や官公庁にセールスしました。ところが、案に相違してまったく売れませんでした。客先は、環境対応より価格が安いものを求めてきました。また、官公庁や設計事務所は、使用実績を重視し、実績がないものは怖くて使えないと言ってきたのです。

しかし、人生は何があるかわかりません。その翌年の１９９９（平成11）年2月、当時報道番組としては異例の高視聴率を誇っていた久米宏の「ニュースステーション」で、埼玉県所沢市産のホウレンソウがダイオキシンに汚染されていると報道されたのです。「ニュースステーション」を見た公団住宅の管理組合の方々がこのダイオキシン報道に素早く反応し、「配管には塩ビを使わないでほしい」と公団に願い出るという騒ぎにまで発展しました。

そのとき、設計事務所の方が「北陸のメーカーがそんなものを作っていたような……」と記憶をたぐり寄せ、当社を探し出してくれたのです。当社のシェアは一気に拡大しました。

「ニュースステーション」の報道は、半ば誤報でした。正確には、ホウレンソウよりも茶葉から検出されたダイオキシンの濃度のほうが高く、その茶葉に含まれた量も健康を害するには至らないレベルの量だったようです。後日、久米さんは所沢市のホウレンソウ農家へ謝罪に訪れ、テレビ朝日も和解金１０００万円を支払ったといわれている風評事件です。

そんな裏話もありましたが、他社製品の材質がダイオキシンを発する塩化ビニルだったり、鉛の入った銅合金だったり、カドミウムの入っためっきであったり、六価クロムを使った表面処理であったりすると、当社はすべてこれらを使用しないという差別化戦略を推進しました。同じ機能、同じ価格でありながら、脱塩ビ、鉛レス、カドミウムレス、六価クロムレスの製品を顧客にアピールしていったのです。

2. 溶接作業を不要にするフレアマシンを開発

シーケー金属が開発したフレアマシンは、鉄管の端部にフレア、つまり直角に開いた「つば」を作る機械です。そのつばによって大口径の鉄管も溶接接合ではなく、ボトル・ナットで接続できるようになるものです。溶接には、火を使うので、火災が発生するリスクがありました。また、溶接接合は熟練工の経験と勘が必要な作業だったので、フレアマシンの需要は高いとみて開発を命じました。

第二世代の改良型マシンではコンパクト化を達成し、第三世代の再改良型マシ

東京管工機材・設備総合展に出品した透明・脱塩ビ継手とフレアマシン。

ンではフレア加工面を垂直に立てることに成功しました。そして、これをⅢ型（マークスリー）と命名したのです。

　また、温間加工機を装着することで、ステンレスの材質劣化を防いだり、めっき剥離《はくり》を防いだりすることも可能になりました。

　さらには専門のセールスエンジニアを常時3名配置し、展示会の前には集客のために大量のダイレクトメールを2回以上送り、展示会場では加工実演を行いました。他社と同じものを作らない、同じ売り方をしない、そのためには絶えず革新をめざすという〝CKサンエツマインド〟の発揮でした。

　現在、全国で300台以上のCKフレアマシンが稼働しています。

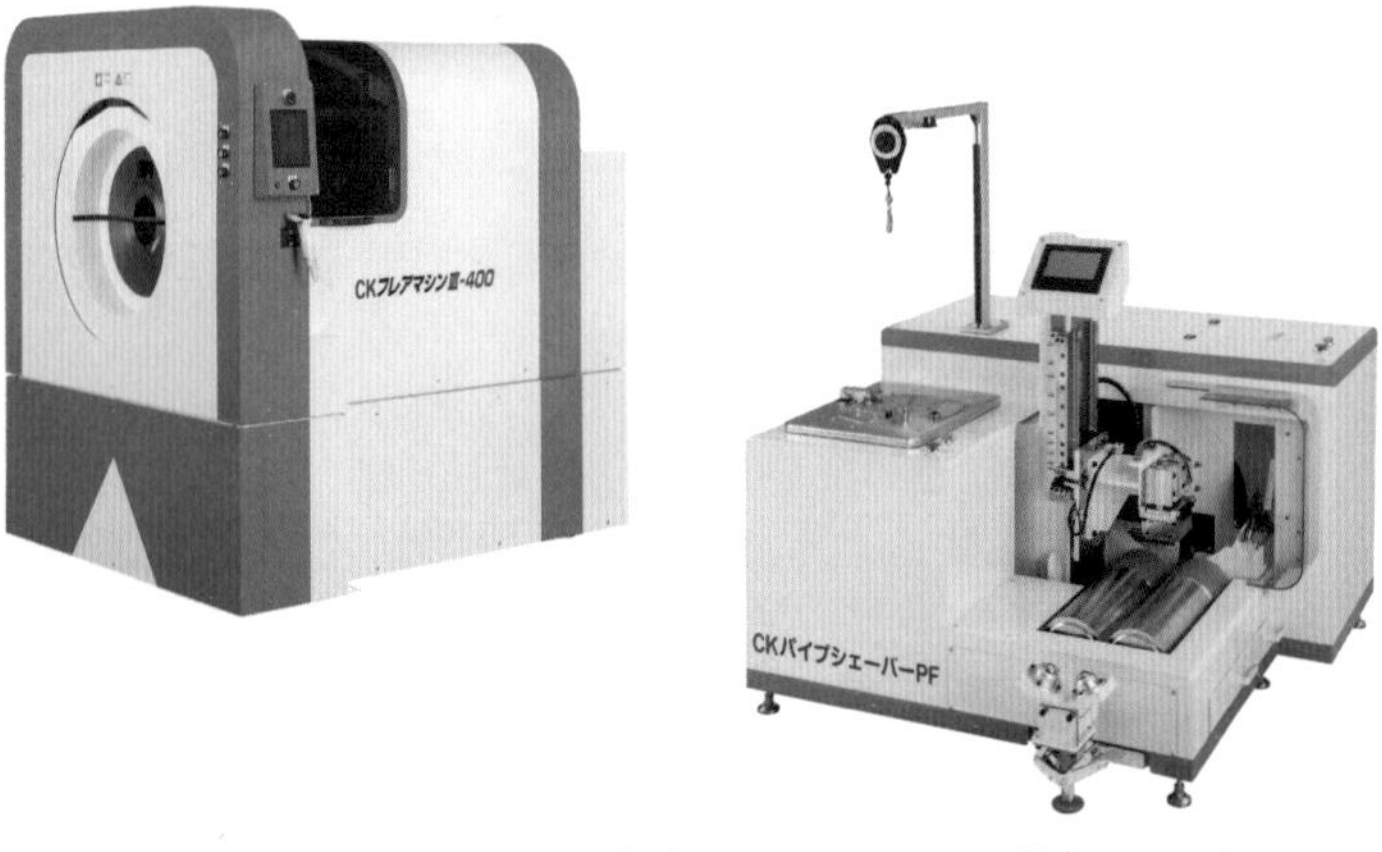

シーケー金属が開発したフレアマシン(左)とパイプシェーバー(右)。パイプシェーバーは、フレアマシンの姉妹機で、パイプや継手を溶接する際に接合部表面のめっき層を全自動で除去できる世界初の画期的なマシンである。

3．世界初、環境対応の溶融亜鉛めっき「ＣＫｅめっき」を開発

品質管理部長の発言が、有害物質を使わないめっき開発のきっかけだった

めっき事業も私たちの主力事業の一つですが、１９９６（平成８）年に県内で黒部日鉱ガルバが創業し、当社の競合会社となりました。保有する溶融亜鉛めっきの釜の長さが、当時日本海側で最長の12・５ｍある同社に対し、当社は８・２ｍしかなく、これでは太刀打ちできないと急ぎ同スケールの釜を作って１９９７（平成９）年に操業を開始しました。

そのことは、必然的に値引き競争を引き起こすことになり、めっき加工賃が暴落して、どちらも血を流し続ける泥仕合となったのです。同社は、金沢のめっき会社と資本提携や販売提携の契約を結び、当社を挟撃することで生き残りを図りました。めっきセグメントの赤字転落により、当社内には厭戦《えんせん》ムードが漂いました。

そのときです。経営会議の席で品質管理部長が「最近、あちこちから有害物質の不使用証明書の発行が求められて、私はそれに手を取られて仕事になりません。女性事務員を1名、雇ってください」と進言したのです。

私はその言葉にはっとし、「有害物質を使わないめっきを作ればいい」と発言しました。そして、その場で鉛やカドミウムを使用しない環境対応めっきの開発を命じたのです。

環境対応めっきについては過去にいくつもの論文が発表されていましたが、一つの物質をめっきした後に別の物質をめっきすることで、1回目を下地めっきとして2回目を本めっきとする、2回めっきが常識でした。

例えば、下地めっきにビスマスを使用し、本めっきとして純亜鉛を使用する方法はすでに論文発表されていました。しかし、私は当社の技術開発部長に対し、「それでは、シャンプーした後にリンスするのと同じだ。めっき浴が2回になり、高価なビスマスでめっきするとコストが2倍以上になる。今どきは、リンプーと言うものがあるじゃないか。1回で環境対応めっきができるようにしてほしい」と発破をかけました。

その後、技術陣は必死になって開発に取り組んでくれました。試行錯誤の末に、ビスマスなどを微量添加することで、鉛やカドミウムや六価クロムを一切使用しない鋼材用亜鉛めっきの実用化に成功します。私はこの世界初の環境対応めっきを「ＣＫｅめっき」と命名しました。ｅは、電気亜鉛（electro zinc）や環境（ecological）や優秀（excellent）の頭文字を表しています。

■図表-11　溶融亜鉛めっきの加工工程

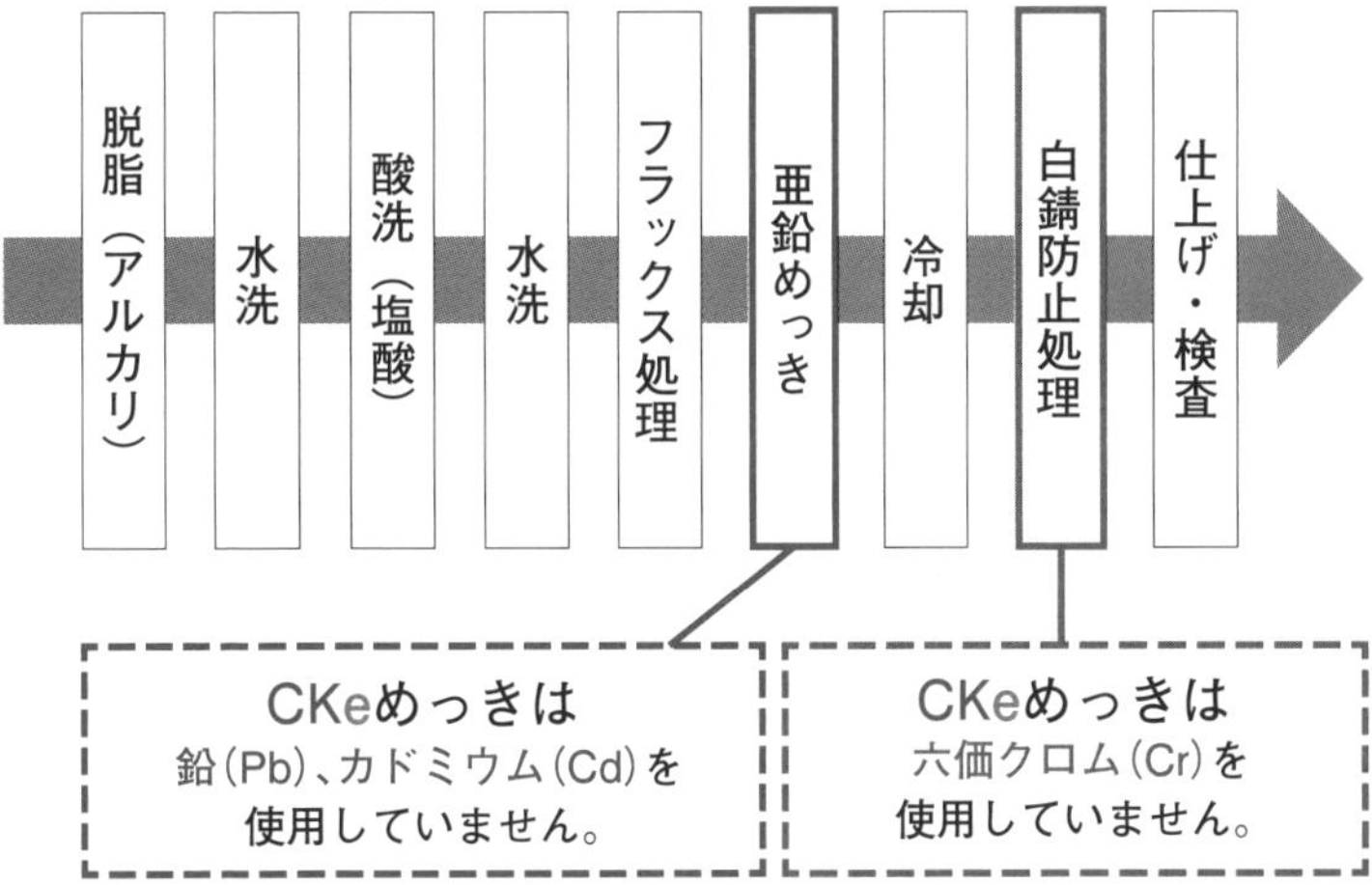

4. 優れた技術として国が認定
――ＮＥＴＩＳに登録され、「ものづくり日本大賞」を受賞

国からお墨付きを得た「ＣＫｅめっき」

人や環境にやさしい溶融亜鉛めっき「ＣＫｅめっき」は、２００４（平成16）年6月より継手専用めっき工場で量産を開始し、２００６（平成18）年1月には長尺鋼材用めっき工場でもＣＫｅめっき化を完了しました。また、同年5月にはＣＫｅめっきによるフランチャイズ（有償技術供与）事業もスタートさせました。

この時、願ってもない追い風が吹きました。同年10月に、ＣＫｅめっきが国土交通省の「新技術情報提供システム（ＮＥＴＩＳ）」に登録されたのです。ＮＥＴＩＳは、１９９８（平成10）年から運営されている「公共工事等における新技術活用システム」の中核を担うもので、その目的は優れた技術を持つ企業の支援とさらなる新技術の開発促進にあります。つまり、ＣＫｅめっきは優れた技術として国からのお墨付きを得たわけです。

ゼネコンなど建設会社は、ＮＥＴＩＳに登録された技術を施工に使用すると大きなメ

シーケー金属は長さ12m、重さ10トンの鋼材をめっきできる。

リットを得ることができます。通常の入札では、標準的な設計や施工方法で安い価格を提示した会社が落札しますが、「総合評価落札方式」では、技術と価格の両面から最も優れた内容を提示した会社が落札することになっています。その場合、NETISに登録された技術を採用すると、入札時に評価工事成績評定で加点され、入札価格が競合他社に比べて高くても、総合的な評価で落札できることがあるわけです。いかにNETIS登録の価値が高いかがわかるでしょう。

そのおかげで、橋梁《きょうりょう》メーカーなどが、橋などに使用する鉄骨や合成床版などのめっきを、シーケー金属に発注してくれるようになりました。NETISに登録された当

③ 北陸新幹線の全13駅の鉄骨に使用されています。

④ ものづくり日本大賞優秀賞を受賞しました。

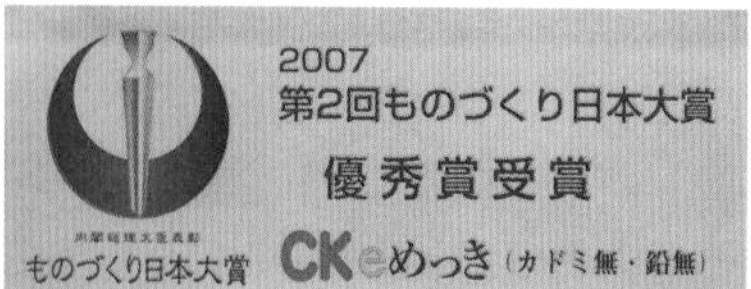

⑤ 国土交通省新技術情報提供システム（NETIS）に登録されています。

■資料-1　CKeめっきの特長

① 東京スカイツリーの非常階段に使用されています。

シーケー金属は、世界で初めて環境に有害な鉛やカドミウムや六価クロムを一切使用しない溶融亜鉛めっきを実用化しました。

② 新国立競技場の鉄骨に使用されています。

社の溶融亜鉛めっき技術を選択してくれたということです。

ＣＫｅめっきを採用してくれる会社が一気に増え、今では東京スカイツリーをはじめ、北陸新幹線のすべての駅舎やオリンピックが開催された新国立競技場など日本を代表する建築物に数多く使用されています。

思い起こせば、ＮＥＴＩＳ登録に至る当社の成功への道のりは、他社との無益な過当競争からの脱却を図ったことが出発点でした。価格競争した相手企業は、２０１３（平成25）年に閉鎖を決定しました。私は、その決定を支援するために同社と契約を結び、複数の設備を1億円で当社が譲り受けることにしたのです。めっき事業の市場価格は適正水準に戻りました。

２００７（平成19）年8月、ＣＫｅめっきは第2回「ものづくり日本大賞」優秀賞を受賞します。ものづくり日本大賞とは、「日本の産業・文化の発展を支え、豊かな国民生活の形成に大きく貢献してきたものづくりを着実に継承し、新たな事業環境の変化にも柔軟に対応しながらさらに発展させていくため、ものづくりの第一線で活躍する各世代のうち、特に優秀と認められる方々を表彰する制度」（「ものづくり日本大賞」Ｗｅｂサイトより引用）です。この受賞により、5年後のＮＥＴＩＳ登録の更新も認められました。

5．鉛レス黄銅棒の開発

ニーズありきでなく、新たなニーズを創る製品開発の発想

環境対応の製品作りについては、シーケー金属だけでなくサンエツ金属でも推進しました。当社の営業担当社員が「顧客のニーズがありません」と言っている傍《かたわ》らから、技術資料をどんどんマスコミに情報発信しました。そうすることで、潜在的なニーズを掘り起こす、または新たな市場ニーズを創出しようとしたわけです。

２０００年（平成12）年11月、サンエツ金属は他社に先駆けて環境対応黄銅材「スーパー鉛レス黄銅棒ＢＺ３」を発売しました。

黄銅とは、銅と亜鉛の合金で、これまでは被削性などを向上させるために鉛を添加するのが一般的でした。また、亜鉛の精錬が不十分である場合、カドミウムが混入していました。どちらも人体に悪影響を及ぼす物質です。そのため、私たちは電気亜鉛を使用することでカドミウムを除き、鉛の代替元素としてビスマス（Bi）を使用することで対応したのです。

社内には「スーパー鉛レス黄銅棒BZ3」の新聞発表を、時期尚早であると戸惑う向きもありましたが、私は迷うことなく「世界初の鉛レス・カドミウムレス黄銅棒を開発・実用化」と打ち出しプレスリリースしました。当初は、需要がないこともあり売れ行きはいまひとつでしたが、サンプルの要望が多数あり、会社のPRとしては絶大な効果がありました。サンエツ金属には、〝技術力・開発力がある〟というブランドイメージを確立することができたのです。

販売戦略上の現実的な課題として、環境対応の黄銅棒は鉛入り黄銅棒に比べ被削性で劣り、価格が高く、リサイクルの分別が困難という三つのウイークポイントを抱えていました。このため、さらに普及させるには、環境規制が強化されることを待つ必要がありました。「果報は寝て待て」ということです。

果たせるかな、その2年後に、ヨーロッパから良いニュースが届きました。EUで、工業製品に対する環境規制が厳しくなったのです。EUは、2002(平成14)年に統一通貨ユーロへの移行を果たしますが、ISO規格による標準化や、電気・電子機器におけるRoHS(特定有害物質使用制限)規制や自動車におけるELV規制など各種の環境規制によって世界秩序をリードすることを目論《もくろ》み、環境基準を非関税障壁として活用しようとしていました。

■資料-2　環境対応黄銅棒BZシリーズ五つの特長

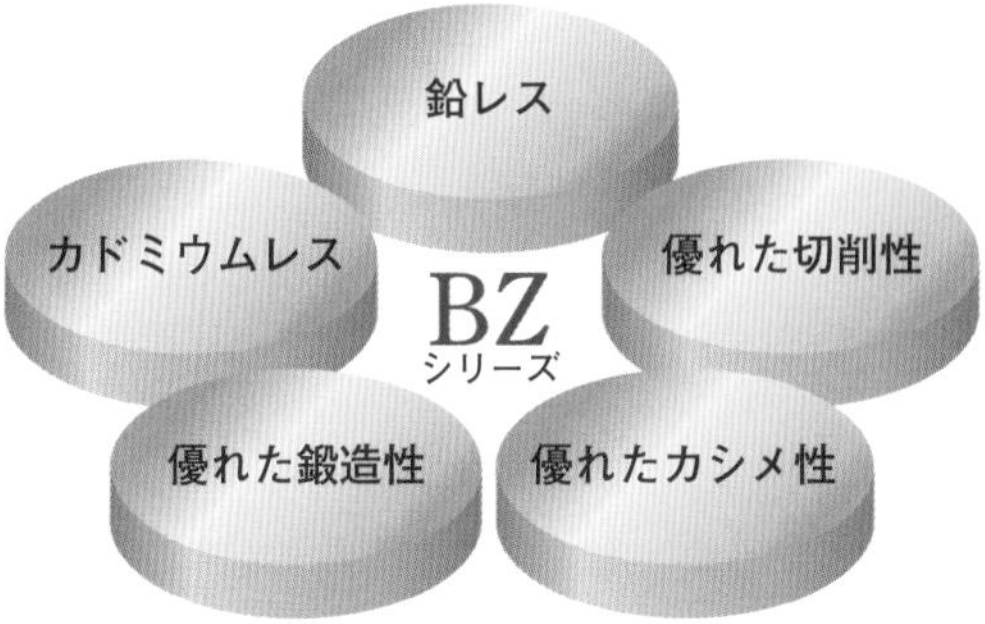

切削・鍛造・カシメ性などの加工性を高い次元でバランスさせた鉛レス快削黄銅棒

サンエツ金属が開発したBZシリーズは、ELV・RoHSに完全対応した、ビスマス系鉛レス黄銅棒です。

これまでの黄銅棒は、鉛を添加して切削性を向上させていましたが、鉛は環境負荷物質であり、今後黄銅棒の鉛レス化が進むと予想されています。このような社会変動・市場動向を受け、サンエツ金属では、鉛に代えてビスマスを添加し、カドミウム&鉛レスで従来材と同等の高い強度・優れた切削性・耐腐食性、非磁性を実現したBZシリーズを開発しました。

高温域から低温域まで、鉛レス素材であることをまったく意識せず、同一のセッティングで鍛造することを可能にしています。

■切削抵抗指数（送り分力）

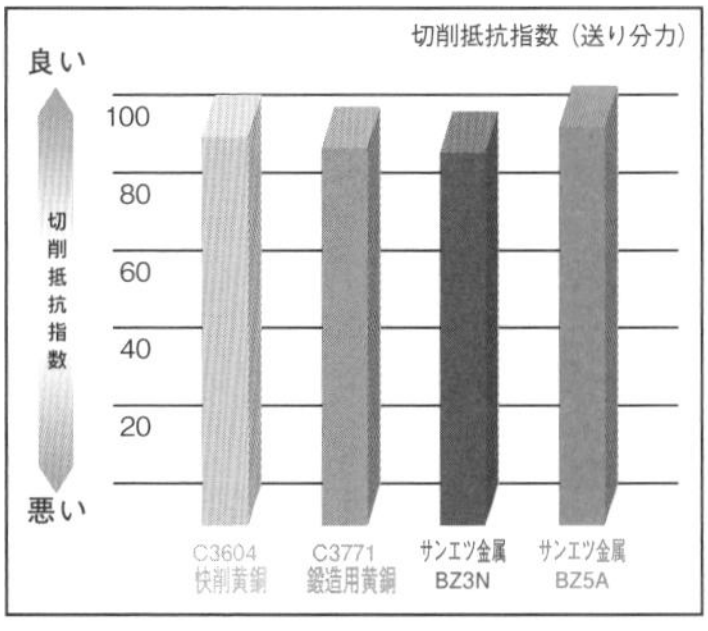

■限界圧縮率

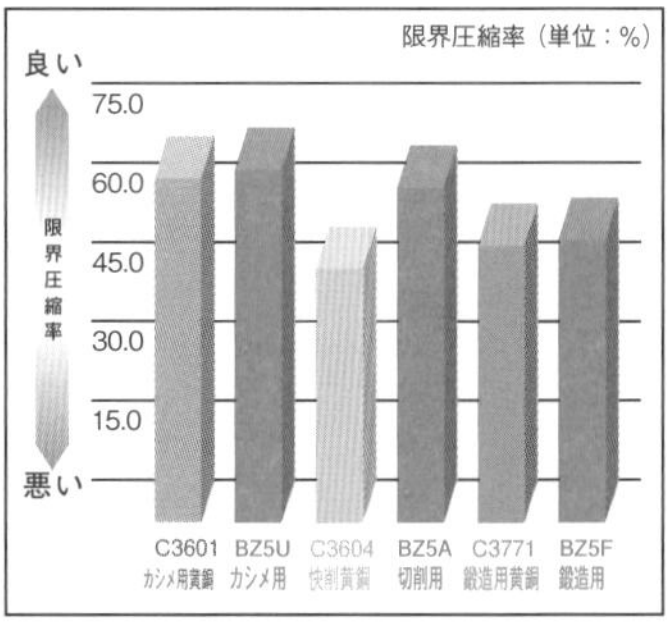

既存品の欠点を探し、改善する〝泥臭い〟発想を実践

2003（平成15）年2月に、EUは電気・電子機器におけるRoHSを公布し、鉛とカドミウムの使用を原則禁止にしました。ただし、黄銅中の鉛については代替材がないことを理由に、移行措置として適用除外規定が設けられたのです。これにより、黄銅棒市場では鉛レス材ではなく、カドミウムレス材が先行して普及することになりました。

国内の顧客にはすでに「環境対応材といえばサンエツ金属」というイメージが刷り込まれていたこともあり、あちこちから引き合いが来るようになりました。2年前にプレスリリースした伏線が、ここでしっかりと活かされ売上につなげることができたということです。

世の中の人が振り向いてくれるように、そして少しでも話を聞いてくれるようにと考えた結果として、どこにもないモノづくりを実現し、時代の先端を行くことができたのが一連の環境対応製品でした。

本来、私たちの製品の多くはJISの規格に適合していなければならないわけですが、同じJISに適合した他社製品よりも優位に立つとしたら、JISが許容している環境負荷物質を取り除くことがいちばん手っ取り早いと考えたわけです。それは簡単な話で、有

害な素材を使わなければよいということです。

その際、めっきが付かないのであれば、付くように改良を加えればよく、塩化ビニルの代替品のポリエチレンが接着しにくいのであれば、接着できるように工夫すればいいわけです。つまり、既存品の欠点を探し、代替品を開発するのです。

これは決して、目から鱗というレベルの発明ではありません。だからこそ、シーケーさん、サンエツさんは「地味」で「泥臭い」などと言われますが、私はたとえ地味でも、泥臭くても、世の中のお役に立ち、「社員が幸せになるならそれでいい」と思いました。

6．美しい継手――グッドデザイン賞受賞の舞台裏と想定外の効果

開発の原点は、差別優位化を図る発想

環境対応と並ぶ、当社のもう一つの新製品開発手法は、グッドデザイン賞の受賞です。多くの方はグッドデザイン賞と聞くと、家具や家電、文房具、食器、調理器具などを想起するのかもしれませんが、実際この賞の対象は、世の中に存在するすべてのモノとコトと言ってもよいくらい多岐にわたります。

公益財団法人日本デザイン振興会が運営するＷｅｂサイトを見ると、建築物やタンカー、鉄道車両といった規模の大きい「モノ」、あるいは地域のコミュニティづくりや教育プログラムといった「コト」も受賞対象になっていることがわかります。それに比べたら、当社の製品が受賞対象になっていることは納得しやすいように感じます。ただし、シーケー金属のような鉄管継手メーカーで、グッドデザイン賞によって他社製品との差別優位化を図ろうと考えた人は、私より前にはいなかったのではないでしょうか。

〝昭和の人〟なら誰でも知っているテレビＣＭにゼブラボールペンの「見える、見える」

があります。何が見えるのかと言えば、筒状の胴体やインクカートリッジを透明にしてインクの減り具合を見えるようにしたわけです。それがシーケー金属の「透明継手」の発想のもとになりました。そして、これが後にグッドデザイン賞を受賞することになります。

GOOD DESIGN AWARD

2007年度グッドデザイン賞　表彰状

下記のデザインは、2007年度グッドデザイン賞を受賞しました。

CK透明継手シリーズ
CKTPC, VFG, HBG

受賞者
シーケー金属株式会社　代表取締役社長　釣谷宏行

デザイン
事業プロデューサー
シーケー金属株式会社　代表取締役社長　釣谷宏行
デザインディレクター
シーケー金属株式会社　常務取締役　岡村弘二

2007年10月25日
財団法人日本産業デザイン振興会　会長　山口信夫
グッドデザイン賞審査委員会　委員長　内藤廣
財団法人日本産業デザイン振興会　No.07A12042

JIDPO

2007（平成19）年10月　シーケー金属の透明継手は業界で初めてグッドデザイン賞を受賞した。

前述した通り、私が社長に就任した1997（平成9）年当時は主力商品の一つに、外面樹脂被覆継手がありました。絶縁と腐食防止のために鉄の外側を樹脂で覆った継手ということですが、その樹脂が不透明だったため、パイプ側の雄ねじとの接合状況が目視で確認できませんでした。しかも、それは当社の製品に限った話ではありません。

にもかかわらず、建設省（当時）の建築設備工事共通仕様書などには、「施工状況は目視で確認する」との規定があり、私はそもそも不可能なことが公的規格に盛り込んであることに気が付きました。そこで、外面樹脂を透明にすれば、規格に適合した製品になると考えたわけです。だから、「見える、見える」――。

しかし、これには結構苦労しました。プラスティックの材料メーカーに透明の射出成型用樹脂をオーダーしたのですが、出来上がったものを施工試験してみるとどれも紫外線や衝撃に弱く、時間が経過すると亀裂が入り割れてしまいます。ちなみに、射出成型とはプラスティックを溶かし、金型に注入して冷やす成型法のことです。

プラスティックの材料メーカーから「フィルム成型用の樹脂でやってみますか」と提案してきた時は、二つ返事で受諾しました。結果は大変美しい、しかも強靭なプラスティック被覆に仕上がりました。当初、そのフィルム用の素材は高価なものでしたが、徐々に同様の素材を作るメーカーが増え、今ではかなり安価になっています。

１９９８年（平成10）年11月、この透明継手の発表をしたところ、展示会での反応をはじめ設計事務所や官公庁からの評価は上々でした。特に官公庁やゼネコン、設計事務所は、目視で施工確認ができることを評価してくれました。「施工状況は目視で確認する」という規定があり、その通り目視できるようにしたわけですから、当然といえば当然の帰結といえるでしょう。

差別化を貫くブレない経営

しかし、いくら素晴らしい新製品を創り出してもそう簡単に売れるものではありません。新製品や新技術について説明しても、「良いものであることはわかった。では、採用実績を見せてくれ」と言われ、「新製品なので採用実績はありません」と返答すると、「では、採用実績ができたら使うことにする」と言われてしまう始末でした。管材店は、販売価格が従来品と同一であることに落胆しました。また、手抜き工事が露見すると言って使いたがらない施工業者がいたことには、苦笑するしかありませんでした。

それから数年後、私はグッドデザイン賞の存在を知ったのです。１９５７（昭和32）年に通商産業省（現・経済産業省）の肝いりで創設された権威のある賞であり、工作機械など消費財ではなく、生産財の製品も受賞していることを知り、「これは面白そうだ」と思

■図表-12　シーケー金属のオンリーワン製品

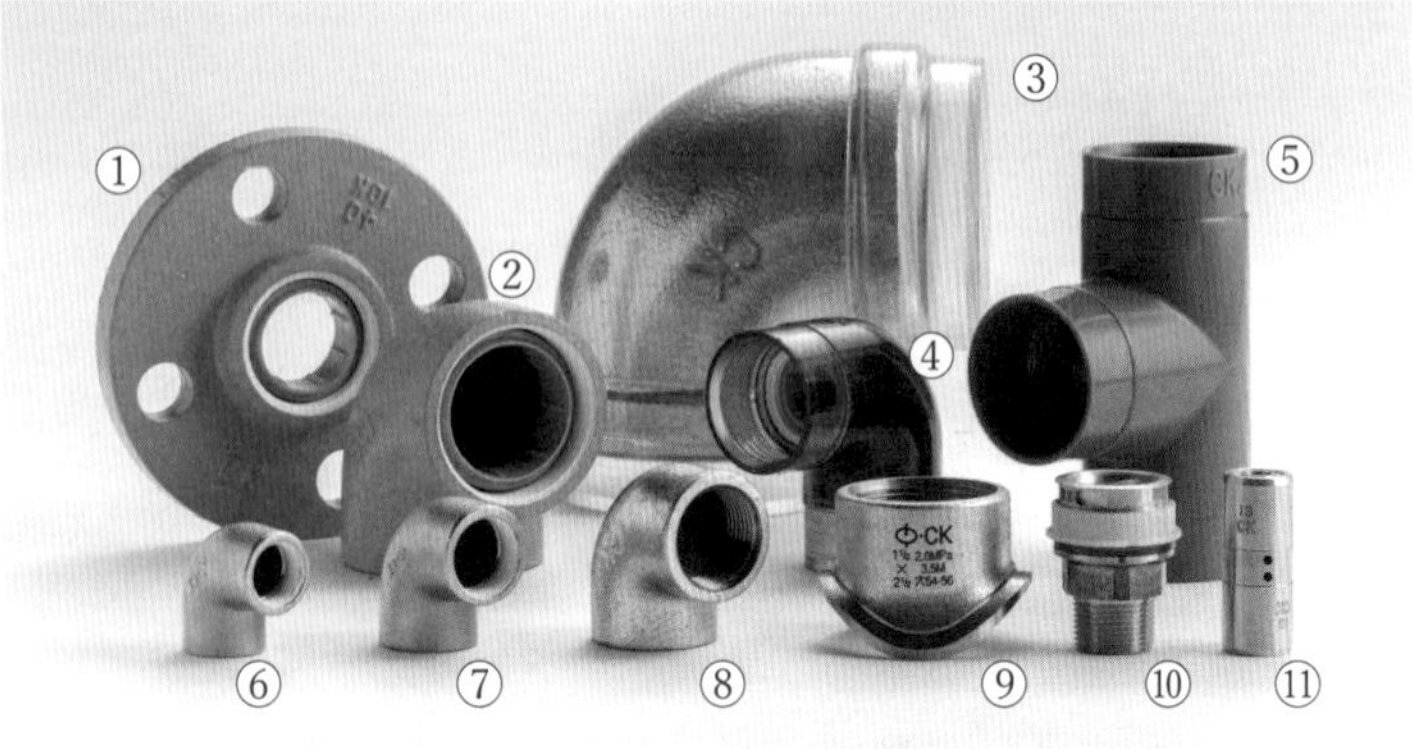

①②脱塩ビ継手
　水道配管に使用する継手で、錆を防ぐため鉄の内側にプラスティック製のコアを内蔵しています。シーケー金属は、コアの材質を業界で初めて脱塩ビ化し、ダイオキシンの発生リスクを防止しました。

③④透明継手
　青色は水道配管に、黄色は消火配管に使用される継手で、絶縁するために鉄の外面にプラスチックのカバーを被覆しています。シーケー金属は、業界で初めてカバーの材質を透明化かつ脱塩ビ化し、正しい施工の目視確認を可能にしました。

⑤不透明なタイプの脱塩ビ継手

⑥⑦シール付ステンレス継手
　ステンレス配管に使用する継手で、シーケー金属は業界で初めて、接合時のトルクを軽減し、漏水を防止するためねじ部にフッ素系シール材を塗布しました。

⑧鉛レス・カドミレス継手
　ガス配管などに使用される継手で、シーケー金属は業界で初めて鉛もカドミウムも一切含有しない亜鉛めっきを採用し、環境規制ＲｏＨＳに完全対応しました。

⑨無煙《むえん》溶接継手
　分枝配管に使用する継手で、シーケー金属は、業界で初めて溶接部の亜鉛めっきを事前削除し、溶接時の亜鉛ヒュームの発生を抑えました。

⑩ファンコイル用継手
　業務用エアコンのファンコイルユニットの配管に使用されるアルミ三層管用の継手で、シーケー金属は業界で初めて正しく配管されたことを目視確認できる機構（スライドカバー）を設けました。

⑪ソケットジョイント
　樹脂管の配管に使用する継手で、シーケー金属は、業界で初めて継手内にゴミが入らないよう開口部にスポンジを装着し、パイプを挿入したときにスポンジが継手内に収納される構造を採用して、包装ラッピングやシール蓋の要らないゼロエミッションを実現しました。

いました。配管継手で応募したのは、シーケー金属が初めてとのことでした。

一次審査の時に審査員から耳打ちされたのは、この賞には「機能デザイン部門」という枠があるということでした。つまり、その枠が狙い目だということです。そこで二次審査では機能デザイン部門に応募した結果、透明継手はグッドデザイン賞を受賞しました。２００７年（平成19年）10月のことです。

ところが、管材店は少しも評価してくれず、「継手は土の中やポンプ室の中、床下や天井裏や壁の中に入るものだ。デザインが良くても何も関係ない。そんなことより安くしてくれ」と相変わらず価格のことしか関心がありません。

一方、官公庁やゼネコン、設計事務所は態度が一変し、「グッドデザイン賞を取ったのなら使ってみようか」と言ってくれたのです。この時、私は初めて表彰制度が何のために存在しているのか、真の価値を理解したような気がしました。権威がある賞の受賞は、採用実績に代えることができたのでした。

もっとも、社内の反応は鈍いものでした。いちばんわかってくれないのは、当時の営業本部長でした。「管材店が安くしてくれと言っている以上、安くする努力をすべきであって、それ以外の努力をして何の得になるのですか。それに他社と違うものを売り出しても、そんなものは普及しませんよ。当社が勝手なことをすれば市場を混乱させるだけです」と主張しました。挙句の果てには「こんなものを出して、もしクレームにでもなったら、会社のブランドに傷がつき、従来の製品まで売れなくなります。会社にとって、命取りになるかもしれません」とまで言う始末です。

私は冷静に、こう答えました。「他社と同じことを同じようにやって、もしもそれで同じように不幸になったら、それでもいいというの？　自助努力をしてどこが悪いの？」

それ以来現在に至るまで、私は他社との差別化を意図的に推進してきたのでした。

■図表-13　CKサンエツ経営理念の歌

1. 歌詞（作詞　釣谷宏行）

私の会社では　金属製品作ります（注）
良いものを安く早く　たくさんつくります
努力して働くほど　報われる会社です
CKサンエツ　CKサンエツ
お役に立ちます　日本のために
CKサンエツ　CKサンエツ
お役に立ちます　期待を超えて

（注）2題目は「配管製品作ります」、3題目は「黄銅棒線作ります」、4題目は「溶融亜鉛を鍍金します」、5題目は「鍛造切削加工します」など、職場ごとの事業領域に合わせて、自由にアレンジされたい。

2. 作曲　フランツ・ヨーゼフ・ハイドン
弦楽四重奏曲 op.76 第二楽章『皇帝賛歌』のメロディを借用。

3. 目的
会社の経営理念（社会に対する奉仕の姿勢）を、社員が共有し（社員に覚えてもらい）、大企業病（社外の事情より社内の都合を優先するようになること）を予防する。

4. 使い方
①従来から、経営理念を確認している「入社式」、「経営方針説明会（新年例会）」、「社員集合研修」などのときに、経営理念を原文のまま暗記するのに代えて、歌詞を暗唱することでも可としたい。
②そもそも、社歌は、いくつ存在しても構わないが、ひとつもないのは、いかにも寂しかった。社歌は、国歌や校歌や寮歌や応援歌と同じで、時代とともに変遷していくもの。歌いたい人が、歌いたいときに、口ずさむもの。

新人営業マンが質問する
開発の舞台裏

環境にやさしい「鉛レス黄銅棒」は一体何がすごいのか

金属加工によほど詳しくない限り、「黄銅棒とは何か」と聞いて答えられる人はいないでしょう。黄銅とは銅と亜鉛の合金で一般に真鍮《しんちゅう》と呼ばれています。加工しやすく電気伝導性が高いことから、電化製品や車などの部品、さらには5円玉やトランペットなどの金管楽器などにも使われる非常に身近な金属でもあります。

これを棒の形に成型したのが「黄銅棒」で、サンエツ金属の主力製品です。中でも「鉛レス黄銅棒ＢＺシリーズ」は、海外の厳しい有害物質規制にも対応した環境にやさしい製品です。

さて「鉛レス」の黄銅棒は「鉛あり」のものと何が違うのでしょうか。新人営業マンと共に、ベテラン開発者の話を聞いてみることにしましょう。

宮崎雅士

〔入社12年目〕サンエツ金属　技術部門　開発課　係長

岡田拓也

〔入社17年目〕サンエツ金属　技術部門　開発課　課長

藤森司

〔入社1年目〕サンエツ金属　営業本部　東京支店

藤森司（以下、藤森） 東京支店の藤森です。今日は「鉛レス黄銅棒ＢＺシリーズ」についていろいろ教えてください。

宮崎雅士（以下、宮崎） 藤森さんはＢＺシリーズがどういう製品か知っていますか。

藤森 鉛の入っていない黄銅棒、ですよね。

岡田拓也（以下、岡田） 一般的な黄銅には加工時に削りやすくするために鉛が入っていますが、鉛の配合には規制があって、さらに強化される傾向にあります。自動車や電機・電子機器に関するＥＵの規制で、今はまだ鉛を４％まで添加してもよいが、将来は０・１％以下にすると決められています。そこでビスマスやシリコンという金属を鉛の代わりに入れるのですが、ＢＺシリーズではビスマスを使っています。

宮崎 鉛に代えてビスマスを添加すると、黄銅に似た特性の合金ができることが昔から知られているんですよ。

藤森 鉛レスの黄銅って簡単にできるんですか。

鉛レス黄銅棒のことなら
岡田さん。

宮崎 残念ながら簡単ではありません。糖質ゼロのビールだって、糖質をゼロにするのは簡単だけど味が落ちてしまいます。これまでと同じ味にするのが難しいからメーカーの開発競争になるわけですよね。それと同じで、何の工夫もしないでビスマスを入れると、熱処理をしたときにビスマスの粒子が大きくなってしまったり（粗大化）、成分が不均一になったり（偏析）します。そうすると、その粒子を起点にして割れたり、性質が低下して機能に問題が出てくるんです。

藤森 そんな黄銅棒を使ったら危ないですね。

岡田 そう。だから鉛と同じように結晶を微細化して均一に分散しなければなりません。昔からのやり方だと、分散を促進するためにセレンやテルルというミネラルを添加するんだけど、リサイクルが難しくなってしまいます。だから、ビスマスだけを使った製造方法を確立できればいいんです。実は、世界初のビスマス入り黄銅棒を世に出したのはサンエツ金属なんですよ。

藤森 すごいですね。知りませんでした。

岡田 開発当初はいろいろな苦労があって、様々な改善の上に今のＢＺシリーズがあるわけです。世界的な電気・電子機器メーカーさんが、鉛入りの普通の黄銅棒で作った部品と各メーカーの鉛なし黄銅棒で作った部品を比較して同等以上の耐久性があるか試験をしたのですが、他社は合格しなかったのにＢＺシリーズは一発で合格しました。

宮崎 試験を積み重ねた結果、「ビスマスを添加した鉛レス合金が良さそうだ」という評価を得てＢＺシリーズが売れているわけです。先ほど言ったように、今のヨーロッパの規制では鉛を４％まで添加できるので、お客様は先にテストを済ませておいて、規制値が０・１％になったらＢＺシリーズに切り替えようとしています。それでも毎月３００ｔは売れていますし、規制値が０・１％になったら毎月５０００ｔは売れるでしょう。

新製品・新技術の開発といえば宮崎さん。

藤森 ビスマスを使った技術は、他社には真似ができないんですか。

岡田 高い水準に達している会社もありますが、まだ我々と肩を並べるところまでは来ていません。

藤森 だからBZシリーズはヨーロッパでも売れているんですね。

岡田 ヨーロッパで販売するまでは本当に大変でした。黄銅棒の主な原材料は、お客様が黄銅棒を加工するときに出る削り粉（ダライ粉）で、これを回収してリサイクルして使っています。しかし、鉛入りの黄銅とビスマス入りの黄銅が混ざると性能が著しく低下するので、リサイクル原料として使えないんです。だから、それぞれを分けて管理しなければなりません。当社がBZシリーズを発売した20年以上前、ヨーロッパはビスマスの代わりにシリコン系を使うことが決まっていました。鉛入りとシリコン入りの黄銅の場合は個別のリサイクルルートを整備で

いつも明るく元気な新入社員の藤森さん。

きるけど、ビスマス系が入って三つになるとルートを維持できないし、ましてビスマス系にはセレン入りやテルル入りの黄銅もあって分別するのが大変になるのです。

藤森 ややこしくなるから、ヨーロッパはシリコン系だけにしたかったんですね。

岡田 しかし我われとしては、「ヨーロッパでもビスマス系が必要だ」と何としても理解してもらわなければいけません。そこで「ＩＷＣＣ」という伸銅品や電線業界の国際会議に参加して、ＢＺシリーズについて発表を行いました。世界中の技術者が集まるので、夜のパーティーでドイツやイタリアの伸銅メーカーの技術者をつかまえてはビスマス系について説明をしました。そうやって好意的な世論を醸成していくわけです。毎晩酒ばっかり飲んでいるわけじゃなくて、各社との交流の中で多数派工作をしたり、技術提携の話をしているんですよ。英語は得意じゃないけど技術者同士なら話は通じます。

藤森　そこまでやるんですね。でも楽しそうだな。

岡田　開発や品質管理のメンバーは、ソウルやバンコク、上海などで同じような経験をしています。残念ながら、ここ数年はコロナ禍でＷｅｂ開催になってしまいましたけどね。

藤森　Ｗｅｂ飲みはダメなんですか。

岡田　時差があるでしょ。日本の夕方はヨーロッパの朝ですよ。

藤森　さすがに朝からは飲めないですね。

宮崎　さっき、「ビスマス系と鉛入りが混ざった削り粉はリサイクルできない」という話がありましたが、ビスマスを除去して鉛入り材を作る技術はすでにあるんですよ。ちなみに私が開発担当でした。

藤森　すごい、そんなことまで。

宮崎　大学の先生との共同開発だったのですが、先生の理論は完璧だし実験室では成功するのに、サンエツ金属の大型設備で量産化するのが難しいんです。

岡田 どんな開発もそこがいちばん大変ですね。合金を1kg作れても、10tを一度に作れないと事業にならない。そこが企業における開発のいちばん大変で、かついちばん面白いところです。

宮崎 大学の先生はビスマスを少しでも取り出せれば成功ですが、我々はそれだけじゃダメなんです。黄銅棒の性能を維持できるビスマス濃度がどれくらいか調べますし、お客様のところにお邪魔して、実際の削り粉にビスマスが何%混ざっているのかを確認しないといけない。0・1%と1%では手法が変わるからです。

藤森 ビスマスの除去技術は実際に使われているのですか。

岡田 残念ながらコストの問題で事業化はされていません。それでも、サンエツ金属の設備で除去できるところまで技術が確立できた。これは十分に意味があるんです。

藤森 コストが見合わなくてもですか。

岡田 ドイツやイタリアの巨大メーカーを説得できます。「ビスマス系が混ざったらダメだ」と言われたら、「除去すればいいいじゃないか。俺たちにはできるぞ」ってね。

藤森 かっこいいですね。

宮崎 ヨーロッパには「ELV指令」という、使用済み自動車の有害物質規制があって、違反した自動車はヨーロッパに輸出できません。日本の自動車メーカー14社が参加している日本自動車工業会は、黄銅に入っている鉛を0・1%以下にするようにELV指令が出た場合、BZシリーズを使おうと考えています。BZシリーズでなければ、これまで通りの性能の部品を作れないからです。だからこそ、ヨーロッパでビスマス系の市民権を獲得する必要がありました。

岡田 そこでトヨタ、ホンダ、日産などの主要自動車メーカーや、川崎重工やヤマハなどの二輪メーカーと一緒に作戦会議をしたんですが、「サンエツ金属の量産設備で除去技術が確立されている」という事実を突きつけるしかない、ということになりました。

宮崎 日本自動車部品工業会も真剣でしたね。ヨーロッパから締め出されたら、自動車がつくれないわけですから。

藤森 すごいな。サンエツ金属は思ったより顔の広い企業なんですね。

岡田 一般の人にはあまり知られていませんが、自動車業界や電気・電子機器業界で銅合金に関係がある分野では有名です。伸銅・電線業界の国際会議で世界中の人たちに「San-Etsu」と言うと、誰もが知っていて真剣に話を聞いてくれます。地元の富山でも知られていないので、最初は違和感さえありましたね。銅合金の棒や線を製造する分野では日本最大だし、世界でも6位か7位のメーカーだから当然なんでしょうけど。

藤森 何だか嬉しくなりました。ところで皆さんは大学で黄銅を専攻したんですか。

岡田 いいえ。大学で金属を学んだ人は、たいてい鉄かアルミが専攻ですよ。銅も少ないけど、黄銅専門で学んだ人はもっと少ないんです。文献も多くないから知りたいことを簡単には調べられないけれど、だからこそ面白いんです。研究し尽くされていないからこそ画期的な発見があります。今年も何億円規模の収益につながりそうなものがありました。

藤森　どんな発見ですか。

岡田　工程を一つ増やすだけで、もっと扱いやすい黄銅棒になるという発見です。1tにつき2万円高くなっても買ってもらえそうなんですけど、量産技術を確立するまでが大変です。2023年のうちに発売できればいいんですけどね。

藤森　特許は取るのですか。

宮崎　真似をされるので取りませんが、他社の特許化を防ぐために公証役場で確定日付を取得しておきます。新たな開発に対しては会社がきちんと褒賞金をくれますよ。

岡田　私たち開発者は営業と連携してお客様には何が必要なのか、何を開発すれば売れるのかを知ることがスタートだと思っています。いつでも話を聞きに来てください。

藤森　サンエツ金属と製品の凄《すご》さがよくわかりました。これから自信を持って営業ができます。ありがとうございました。

第3章

M&Aによる
ナンバーワン戦略と
東証プライム市場への上場

1．統合後のスケールメリットを追求して ナンバーワン工場へ

M&A成功の秘訣は、買収先の資産を有効活用すること

ここで改めて、CKサンエツグループの主要な企業について紹介しておくと、シーケー金属は水道やガスの配管に使用される鉄管継手の生産では業界トップクラスのメーカーで、サンエツ金属は国内最大規模、世界ランキング7位の黄銅棒・線メーカーです。

ちなみに、サンエツ金属が製造する黄銅棒や黄銅線は電気・電子機器の部品や水栓金具やガス金具、自動車部品などの生産財として、この世に必要不可欠なものです。サンエツ金属はレンズ交換式カメラのレンズ着脱用マウントの分野では、世界シェア90％です。

シーケー金属もサンエツ金属も、創業以来得意としてきた製品の生産量が業界トップクラスになり、市場のシェアを拡大してきましたが、それは単独の企業努力だけで成し遂げられたわけではありません。それは、20年以上前から私たちが進めてきたM&A、つまり

カメラマウントは、カメラ本体とレンズを着脱するための部品。

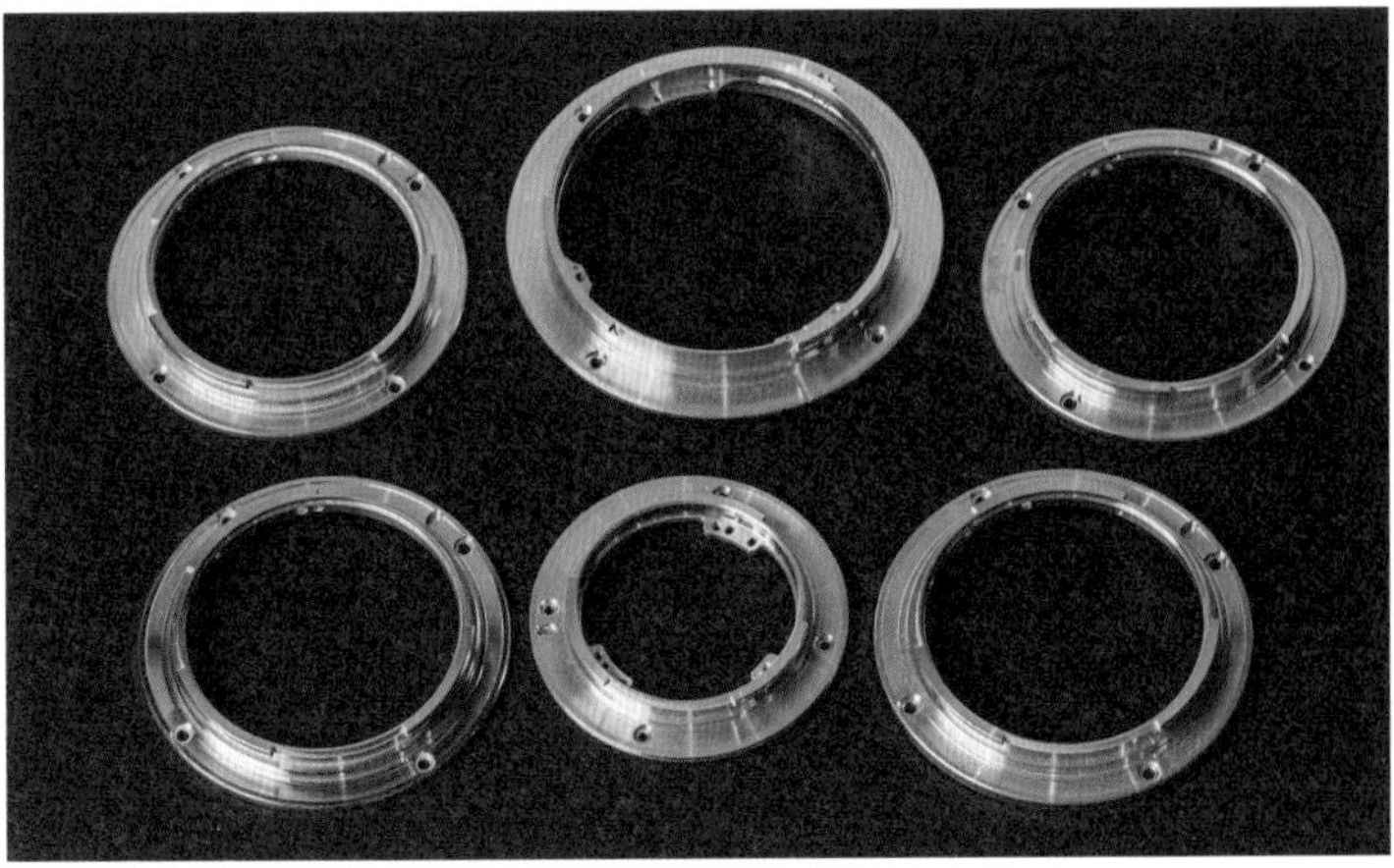

サンエツ金属の黄銅製カメラマウントの世界シェアは90%。

合併（Mergers）と買収（Acquisitions）による企業間でのチームプレーが狙い通りに機能し、1＋1＝2に留まらず、それより大きくなる相乗効果（シナジー）が発揮された結果なのです。

M&A成功の秘訣《ひけつ》は、提携（合併・買収）先の工場や設備、人材、技術、ノウハウをいかに残し、最大限活用するかということに尽きると思います。

私たちは、提携先のポテンシャルや文化を尊重してきました。失敗に終わるM&Aは大抵《たいてい》の場合、相手企業の事情に配慮せず強引に自社のやり方を押し付けることで、企業間に摩擦が生じ無駄な時間と労力を費やすだけになっているようです。そこは「うまく棲み分けできるよう考えましょう」と歩み寄り、できる限り柔軟に進めることが肝心です。

これまで各々《おのおの》のスタイルで事業を展開してきたわけですから、M&Aを実施したからといってすんなりと融合することはありません。これまでも解決が難しいと思われる課題は後回しにして、着手しやすい課題から取り組むよう提案したことは何度もありました。

提携（合併・買収）の目的は一つ。それは、チーム一丸となって各自の得意な分野でナンバーワンになることです。互いに異なる強みを持ち寄り、統合することで1＋1＝2ではなく、2より上に押し上げていくことが重要になります。

M&Aの目的はスケールメリットと分業にあり

M＆A成功のカギを握るのは、スケールメリット（規模の経済）です。メーカーの場合、工場や設備を統合すると、それまでかかっていた人件費を大幅に削減することができます。また、工場を稼働するために必要な土地代や機械の償却費用は、生産数量を上げていくことで1個当たりの固定費が下がります。つまり、コストが下がるということです。最適な操業度を維持できれば、製品の単位当たりの利益は最大になります。場合によっては、生産量が10％増えるだけで、利益が2倍になることもあるのです。

私は、こうしたM＆Aによるスケールメリットを徹底的に追求することで、統合後の工場の操業度を引き上げようとしました。

第1章で少し触れたように、夜勤レスもコストを削減できるスケールメリットの一つです。例えば、3交替のシフト制で1・3人ずつを必要とした場合、3シフト分×2人＝6人の配置になります。ところが、すべて同じ時間帯での1直操業が可能になると、3シフト分×1・3人＝3・9人で4人の配置で済むのです。

私は、統合によって一旦は不必要となったり、余剰になったりした機械や装置は廃棄処分せず、「専用機化」したり「予備機化」したりすることで再利用することにしました。普段は稼働しなくても、特定品種の注文が入ったときに、専用機として大活躍してもらうわけです。

機械の数に余裕がなければ、普段稼働している生産ラインだけで納期に間に合わせる必要がありますが、当社ではいざとなれば予備機をすぐに稼働させ、顧客が驚くほどの速さで納品することができます。これも、スケールメリットの一つといえるでしょう。

また、スケールメリットと表現するのは適当ではないかもしれませんが、統合を通じて私が進めた大胆な合理化があります。それは、工場間分業の徹底でした。各工場が、自工場の得意分野に特化する形で、グループ各工場間の最適分業体制を追求しました。各工場の強味を最大限活かす形の棲み分けを徹底したのです。

CKサンエツグループは、茨城県石岡市にサンエツ金属の新日東工場、大阪府堺市に日本伸銅の堺工場がありますが、富山県内にある2事業所を「マザー工場」と位置付けました。マザー工場では、新規案件や困難な案件などの受け入れ、製品開発や技術開発、社員教育や品質改善などに取り組んでいます。さらに、他の各工場に人材や製造ノウハウを提供し、OEMの形態で生産をバックアップするシステムも確立し実行しています。

■図表-14　M&Aの推移

暦年	当社事業／提携先	シーケー金属㈱		サンエツ金属㈱			
		配管機器	亜鉛めっき	黄銅棒	黄銅線	めっき線	精密部品
①2000年	住友金属鉱山伸銅㈱				事業譲受		
②2007年	新日東金属㈱			事業譲受			
③2011年	㈱リケン	生産統合					
④2012年	古河電気工業㈱					事業譲受	
⑤2013年	日立ケーブルプレシジョン㈱					事業譲受	
⑥2013年	JX金属黒部ガルバ㈱		設備等譲受				
⑦2015年	日本伸銅㈱			TOB（子会社化）	TOB（子会社化）	TOB（子会社化）	
⑧2015年	中国大連鵬成集団						売却・撤退（株式譲渡）
⑨2020年	日立アロイ㈱			事業譲受	設備譲受		事業譲受
⑩2020年	日立金属㈱						シンクロナイザー事業譲受
⑪2020年	帝国金属㈱	設備譲受					

サンエツ金属は本社がある富山県の砺波工場（上）と高岡工場（下）をマザー工場と位置付けた。

このように、富山県内にない子会社や工場はコストセンターがない、間接部門を極小化した事業所にしたのです。富山地区以外には経営企画などのブレーンを不要とし、新日東工場に至っては総務や経理の部署もなくし、伝票はすべて富山の本社に送信して本社で一括処理しています。

2．シュリンクしていく市場にもチャンスがあり、利益を出せる

提携先の資産をすべて〝生け捕り〟にすることを重視

M&A成功の秘訣については、提携（合併・買収）先の工場や設備、人材、製造ノウハウなどを最大限活用することと前述しました。こうしたM&Aには、提携先の工場を存続させて、製造品の棲み分けを工夫し工場間の最適分業を追求する方法と、提携先の工場を閉鎖し、自社既存工場に生産を統合して操業度を極大化させ、スケールメリットを追求する方法の二つがあります。どちらが相乗効果を大きく得られるかシミュレーションをして、その都度判断してきました。

いずれの場合も、工場や設備、人材、技術、製造ノウハウといった会社の資産をすべて〝生け捕り〟にすることを重視したところが他のM&Aにはあまり見られない方法であると自覚しています。

まずは客観的に業務を一つひとつ見比べ、自分たちの事業の取り組み方と提携（合併・

買収）先のやり方のどちらがグループ全体の利益に貢献するか、その点を考える必要があります。仕入先も比較検討の俎上《そじょう》に載せるなどし、冷静に判断していくことが必要です。要するに、Ｍ＆Ａは同じ事業を長年続けてきた企業同士がお互いに学び合うことに大きな意義があるということです。

提携先の〝成長の種〟は見逃さずに活かす

サンエツ金属のめっき線事業は、めっき線（めっきを施した線材）メーカーとして最後発でありながらも、先発メーカーの多くをＭ＆Ａして現在に至っています。その過程においても、提携（合併・買収）先が保有していた様々な成長の種を見逃さないようにしました。

めっき業界でＭ＆Ａを進めるきっかけは、電気・電子部品に幅広く使われている錫《すず》リフローめっき線の事業拡大にありました。提携（合併・買収）先の中には銀めっき線を作っている工場もありましたが、事業として存続させて、てこ入れをしたところ、利益を計上するようになりました。この製品は、主に高い信頼性を要求される端子ピン用素材として用いられています。

その他、サンエツ金属が他社から譲受する形で始めた事業には、２０２０（令和２）年の夏から開始した「シンクロナイザーリング」材の製造もあります。シンクロナイザーリ

日立金属・桶川の銅合金事業

サンエツ金属が譲受

自動車向け加工品強化

黄銅棒線最大手のサンエツ金属（本社＝富山県砺波市、釣谷宏行社長）は、日立金属が桶川工場（埼玉県桶川市）で手掛ける銅合金製造・販売事業を譲受する。同工場の銅合金事業は、主に自動車のマニュアルトランスミッションに用いられるシンクロナイザーリングという部品向けに高力黄銅管の加工品などを生産しており、売り上げ規模は年間25億円程度。サンエツ金属は自動車部品向け加工品の販売強化につなげたい考えだ。

両社が3日発表した。桶川工場は航空機やエネルギー関連の特殊銅事業を主力としている。日立金属は銅合金事業を譲受することで、経営資源を集中する。

サンエツ金属が譲り受ける銅合金製造・販売事業は、各種高力黄銅管を押出機で製造。切断して内径・外径の公差を整えたり、鍛造加工したりして自動車部品メーカーに供給している。これ以外に、艦船や特殊車両に使われるアルミ青銅部品なども一部手掛ける。

事業の譲受期日は2021年3月1日。サンエツ金属は譲受する事業について砺波本社工場で生産する。桶川からは溶解鋳造、専用切断機、切削加工機などの設備を移管。量産ノウハウなど、日立金属から技術面で全面支援を受ける。特殊材のため、原料の調達ルートも基本的に桶川から引き継ぐ。

日立金属の高力黄銅「MBA2」「MBA5」とアルミ青銅「アームスブロンズ」という商標も譲り受ける。販売は日立金属商事が行っているが、サンエツ金属に移管する。

サンエツ金属の親会社であるCKサンエツは20年3月期の連結売上高が754億円あったが、この大部分は黄銅棒線などの伸銅セグメントで、部品や加工品を手掛ける精密部品セグメントは38億円にとどまった。桶川の銅合金事業を譲受することで、精密部品の売上高が単純計算で6割以上増える。

桶川の高力黄銅管の生産量は月間200ｔ余り。砺波は黄銅棒のほかに黄銅管も製造しており、桶川の生産量が加わることで伸銅品の増産による収益効果も見込める。

また、サンエツ金属は自動車部品のティア1、ティア2メーカーに伸銅品を納入しているが、加工品については参入が容易でなく、納入実績がほとんどない。

桶川の銅合金加工品はティア1などに入っており、サンエツ金属は部品・加工品での納入実績を積むことで自動車市場での存在感を高め、事業拡大につなげる。

サンエツ金属は自動車部品事業へ本格参入した（2020年7月6日　産業新聞より）

ングとは、自動車のマニュアルトランスミッション（ＭＴ）に使用されるクラッチの部品です。今後、ＥＶ車やオートマティック車の増加に伴い、需要が減少していくことが見えていることから、どちらかといえば他社が撤退していく事業になります。

それは、マクロ分析としては正しいと言えますが、個別企業はミクロでも分析しなければなりません。マクロとしての需要が減少すると、競争力のない会社から順に撤退していくことになります。しかし、私たちに競争力があれば、ミクロの個別企業として勝ち残り、販売量を増やすこともできるのです。

そもそも黄銅棒・線のメーカーであるサンエツ金属にとっては、シンクロナイザーリングは単なる特殊黄銅管（中空棒）でした。部品としての形状もカメラマウントに似ていました。事業譲受によって砺波工場の稼働率が向上し、しかも念願だった自動車

シンクロナイザーリング。

部品事業への本格参入を果たすこともできたのです。

将棋のように相手の駒を持ち駒にして強くなる

当社と他社とでは考え方が、多少違うように感じています。それは、いわば将棋とチェスとの違いのようです。M&Aをチェスの思想で進めていくと、相手の駒は盤上から減っていく一方で、二度と活かすことはできません。しかし、私は金属業界という盤の上で将棋をしていて、自分が取った相手の駒を持ち駒として、最も効果的に活用することができたのです。

ただし、将棋といっても相手を打ち負かすことが目的ではありません。

提携（合併・買収）した企業の社員から、「買収されて自分たちは子会社になったのだから、徹底的に賞与を削られるわけですよね？」、「あなたたちがやりたくない仕事を、全部僕たちに押し付けるんですよね？」、「赤字になったら僕たちの責任にされるんですよね？」といった内容をよく尋ねられました。

私はそのたびに「それはまったく違う。私は皆さんを当社グループの他の会社と同じ高待遇にしようと思っている」と答えてきたのです。

3．ホールディングス化のために持株会社CKサンエツを設立

ホールディングス化により拡張性の高いグループが誕生

私がサンエツ金属の第10代社長に就任したのは、２０００（平成12）年６月29日のことでした。当時、サンエツ金属は名古屋証券取引所の市場第二部に上場しており、その筆頭株主がシーケー金属でした。私はシーケー金属の社長も務めていたため、業種が異なる二つの会社の社長を兼任する〝二刀流〟となったわけです。その当時、サンエツ金属は４期連続の経常赤字に陥っており、私は業界再編によるM＆A戦略が経営の立て直しには最適な手段と判断していました。

この頃、私はシーケー金属とサンエツ金属を総称としてCKサンエツグループと呼んでいましたが、ホールディングス化などはしなくてもよいのではないかと思っていました。当時、日産自動車の社長を務めていたカルロス・ゴーン氏は、ルノーの社長も兼任し、資本関係上は日産自動車がルノーの子会社であったものの、外部からははっきりとした親子

関係には見えませんでした。そのため、当社もそれでいいのだろうと思っていたのです。

　ところが、他企業との提携（合併・買収）や合弁事業を推進しようとしたとき、持株会社の形態が妥当であることに気付き、２０１１（平成23）年10月に、持株会社である株式会社ＣＫサンエツを設立して初代社長に就任しました。それは、持株会社と事業子会社の形態であれば、事業子会社を合弁にすることも可能ですが、親会社に他社から資本を受け入れる形態では経営が複雑になるからです。

　さらに、持株会社にせず、同じ事業を手掛ける会社を買収し、その会社を存続させると決めた場合は同業の2社が親子関係になります。そうなると、取引先からは「子会社と取引するメリットはどこにあるのか」と言われることにもなりかねません。

サンエツ金属
シーケー金属

持株会社「CKサンエツ」発足
グループ戦略推進

釣谷 宏行社長

黄銅棒、黄銅線、黄銅管最大手のサンエツ金属（社長釣谷宏行氏）と配管機器事業や溶融亜鉛めっき事業を手がけるシーケー金属（社長同）を傘下に置く持株会社「㈱CKサンエツ」が3日、発足した。

今春、サンエツ金属はシーケー金属を子会社化。黄銅棒・線事業や精密部品事業にシーケー金属の配管機器事業、溶融亜鉛めっき事業を加え、これを主力事業領域として経営基盤の拡充と経営効率化を推進してきた。今回、より大局的な視点でグループ戦略を推し進めていくため、持株会社制を導入。持株会社はサンエツ金属から分割方式により移行したもので、黄銅棒・線事業や精密部品事業の権利義務の一部を新たに設立した「サンエツ金属」に承継した。

CKサンエツグループでは、黄銅棒・線事業や配管機器事業の国内市場は中長期的に縮小均衡を示すとし、業界再編が避けられないとみている。この経営環境に対応して同業他社との事業提携やM&Aによる展開を積極的に推進していく方針で、より大局的な観点からグループ戦略を立案し機動的に実行に移していく。持株会社は、戦略的なグループ経営に集中・特化し、グループ利益の拡充を追求。各事業が保有する技術ノウハウを効率的にグループ内で使用、蓄積することでシナジー効果を引き出す。

持株会社の社長には釣谷宏行氏が就任。専務（営業統括部長）に釣谷伸行氏、常務（技術・品質管理部長）に大橋一善氏が就任した。

グループ戦略推進に特化した純粋持株会社CKサンエツが発足（2011年10月12日　管材新聞より）

一方、顧客の立場からも、並列関係にある会社であれば入札の機会をそれぞれに与えてもいいものの、その2社が上下関係にあると、入札の札は一つしか与えないかもしれないと考えました。

リケンとCKサンエツ提携

配管機器事業強化、シェア向上へ

合弁会社設立

共同生産、開発一段と迅速化

独自製品を相互販売

リケン（社長岡野教忠氏）とCKサンエツ（社長釣谷宏行氏）および同社の連結子会社シーケー金属（社長同）はこのほど、配管機器事業に関する業務提携契約・合弁会社設立契約を締結した。2月に共同生産の合弁会社を設立し、5月から生産を開始する。両社はイコールパートナーとして、相互のすぐれた経営資源を活用し、ノウハウを融合することにより、配管機器事業の競争力強化を図り、市場でシェアアップをめざす。

業務提携の内容は①共同生産の合弁会社設立②新製品の共同開発③製品の相互販売。生産合弁会社「リケンCKJV」を設立する。両社の経営資源と生産拠点をシーケー金属の生産拠点である富山県高岡市に集約し、共同調達などスケールメリットを発揮した生産体制の構築により、品質・価格・デリバリー面で競争力強化を図る。JVで生産したリケンとシーケー金属のブランドをそれぞれの販売ルートで販売する。

業務提携・合弁会社設立契約を締結した釣谷宏行CKサンエツ社長㊧と岡野教忠リケン社長

生産拠点の集約と同時に新製品開発機能も集約し、両社の資源、技術力と開発力を結集してより高品質な製品を一段と早いペースで開発していく。また、両社それぞれの独自製品を相互販売し、それぞれの品揃えの幅を拡大し、顧客ニーズへの対応力を強化する。

新会社リケンCKJVは資本金6000万円（出資比率はCKサンエツ50%、リケン50%）で、社長にCKサンエツの釣谷社長が就任し、役員構成は取締役6名（両社3名ずつ）、監査役2名（両社1名ずつ）を予定。従業員数は約170名を見込む。釣谷社長によると、これはシーケー金属富山工場の現有人数約120名と、リケンの開発・生産要員を合わせたもの。

今後の予定は、2月1日に新会社を設立し、JISやWSP承認などの変更手続きを進め、リケン販売分商品を納める新倉庫を整備する。3月に省エネ型焼鈍炉（月あたりの生産能力通常時500ｔ、ピーク時600ｔ。現有の炉に対しトンあたり30%の省エネ性を発揮する見込み）を稼働し、5月から新会社として生産を開始する。

東京で開いた記者会見で、岡野リケン社長は、バブル期をピークに需要が減少していることや、配管材料の多様化で鋼管のシェアが低下していることで各社工場の稼働率が低下し、コスト高となっていることなど、ここ10年の配管市場の大きな変化を踏まえ、今後想定される大きな変化に対応するため、業務提携と合弁会社設立を決めたと述べた。釣谷CKサンエツ社長は、CKはリケン製品のメッキ工程を請け負うなど長く取引関係にあり、強い信頼関係を構築してきたと強調した。

両社は、提携および合弁会社設立による効果として、売上高60億円超（両社の事業規模各30数億円を合算）、スケールメリットとコストダウンによる収益改善3億円を見込んでおり、3社（リケン、CK、JV）間での分配方法について今後検討していく。

釣谷社長は、自社配管機器事業部門の昨年度決算が赤字であり、現在、プラスマイナスゼロ水準で推移していることから、JVの効果を発揮して収益改善を図ると述べ、岡野社長も「赤字体質に落ち込まないことが肝心」と述べた。

両社は、国内配管機器事業分野でそれぞれ10～13%のシェアを確保している。提携・合弁会社設立により23%程度にシェアアップし、二番手に躍進するとみているが、両社長は将来トップシェアを確保したいと意欲を示している。

CKサンエツはリケンと業務提携した（2012年1月18日　管材新聞より）

ＣＫサンエツをホールディングス化した理由は大きく二つあります。一つめは、合弁会社リケンＣＫＪＶの設立準備が進んでいたこと、また、日本伸銅と提携するタイミングにあったことが挙げられます。

二つめの理由は、各社の株式上場です。当時、サンエツ金属は名古屋証券取引所市場第二部に上場し、日本伸銅も買収する以前は東京証券取引所（東証）市場第二部に上場していました。その一方で、シーケー金属は東証ジャスダック市場に上場しようと考えていました。

そこで私が考えたのは、それぞれに分かれて上場しているよりも、3社の力を結集して東証一部（現在のプライム市場）に上場することでした。ホールディングス化して、持株会社が東証一部上場企業になれば、グループ

日本伸銅の本社と工場。2021（令和3）年9月撮影。

全体が同じプレゼンスを享受できると判断したわけです。

その後、グループ内の事業再編や同業他社との業界再編に際して、提携（合併・買収）や合弁が自由にでき、子会社化してホールディングス傘下に入れることもできました。拡張性の高いグループに生まれ変わることができたので、当時の選択は正しかったと実感しています。

加えて、後継者の育成についても、持株会社であるCKサンエツは当面私が取り仕切るものの、各事業会社では若手社員に順次社長のポストを譲っていくことでグループ全体の世代交代がうまく進むことも、ホールディングス化のメリットであると気付きました。

2018（平成30）年3月　CKサンエツは東京証券取引所市場第一部に上場した。

4. 他社と仲良くする、親切にする、お役に立つ

提携は相互の信頼関係が基礎に

私たちが実施してきたM&Aは、基本的に他社と仲良くする、親切にする、困り事があったらお助けするというスタンスでやってきたように思います。これまでも当社は、他社が生産障害を起こした際には、OEMの形で他社の代わりに製造案件を引き受けることがありました。本来であれば、顧客を奪えるチャンスになるのですが、その会社が当社を信頼し「助けてほしい」と懇願されたら断るわけにはいかず、ましてやそこで顧客を奪うという、そんな卑怯なことはできません。

また、他社から合弁事業の引き合いがあれば、基本的には受け入れてきました。当社の工場内には、他社が所有している機械が並び、稼働しています。他社からの「人員が足りず、熟練者もいなくなり、機械を置く場所もなく生産が間に合わない」との相談があると、「それなら、当社で生産してはいかがでしょうか。当社の工場内に機械を持ち込んで、製造ノウハウを教えていただけるなら、その通りに作ります」と答えてきました。

実際の生産では生産ノウハウ、原価の計算式、そして利益の出し方のポイントを教えてもらわなければならないわけですが、いつも相手企業にとって理想に近い条件を提示し、成約できるようにしています。

加工に使用する材料はすべて当社工場で生産していますが、同じ構内にあるので、材料の梱包《こんぽう》などは不要になります。同一敷地内で注文通りに製造することで、運賃もかからず安定生産が可能になるわけです。

しかも、製造ノウハウを共有してもらえることは当社の技術向上のために大きなメリットがあります。そのため、製造ノウハウを実際の工場で教えてもらえるときは、当社の社員が泊まり込みで相手先の工場での就労体験に出向くこともありました。

このような提携（合併・買収）先は当社のことを、「顧客を奪ったりしないし、義理堅く仕事を遂行してくれる」と信じてくれています。そのため、当社へ発注される案件が増えていきました。こうした案件では、発注先があらかじめ設定した歩留まりを超えると利益が生み出せるのです。

当社の社員は発注元の工場を見て、実際にその歩留まりで製造している状況を確認し、その上で当社側の努力によりそれを超えて利益を生み出していくのでした。

5．東日本大震災で分かった究極のＢＣＰ（事業継続計画）

被災した工場が再起不能の危機に

これは、Ｍ＆Ａの成果という点では番外編になるのかもしれませんが、当社グループ内の結束で危機を乗り切った話をしたいと思います。

時は、２０１１（平成23）年3月11日のことです。富山にあるサンエツ金属の本社にいた私は、玄関前で来客の見送りを終えて事務所に戻ったところで、受付カウンターの事務社員から大地震が発生したことを聞き、そのまま食堂へ直行し天井から吊り下げられたテレビを見上げると、そこには福島第一原子力発電所や鹿島火力発電所の映像が映し出されていたのです。ところが、この時点で地震についての詳しい情報はつかめませんでした。

富山県内ではほとんど揺れを感じませんでしたが、サンエツ金属の新日東工場のある茨城県石岡市では震度6弱を観測していました。後に資料を見ると、石岡市内では22棟の住宅が全壊した他、４７００棟を超える建物が被害を受けたようです。そうした中、新日東工場では新たに建設したばかりの事務所棟をはじめ、工場や休憩室などのコンクリート部分に無数の亀裂が入り、天井ボードなどが落下しました。

私はすぐに現地へ電話したものの、なかなかつながらず、何度目かに新日東工場の設備担当部長と携帯電話で話すことができました。状況を聞くと、「停電していますが、もうすぐ復旧すると思います」との返答がありました。さらに、元東京電力の社員だった部下が「東京電力では30分以上の停電は発生しない」と言っているというのです。

私は、わずか3年半前に15億1000万円で買収した新日東工場の価値が毀損《きそん》することを恐れていました。新日東工場には、停止することのできない70tの鋳造保持炉があり、万が一この溶湯が凝固すれば、工場は再起不能に陥る恐れがあったのです。そうなっては顧客への供給責任を果たせず、150億円分の販売先を喪失し、従

サンエツ金属の新日東工場（茨城県石岡市）は、東日本大震災で電源を喪失した。

業員120人も仕事を失うことになります。

すぐに私は、サンエツ金属の技術顧問をしていた元幹部に電話し、新日東工場の鋳造保持炉が何時間で凝固するか尋ねたところ、「徐々に固まります。24時間はもたないでしょう。半日もすると冷えてきます」との返答がありました。

発電機を輸送し、窮地から工場を救うことに成功

再び現地の設備担当部長に連絡を取り、近隣でレンタルの発電機を探すよう指示し、その上で「発電機がなければ富山から送る」と言いましたが、「電気は必ず来ます。そんなことをしなくても大丈夫です」の一点張りでした。そこで、仕方なく、シーケー金属に電話し、めっき営業が保有している10tトラックで配送作業をしている社員に運転を依頼することにし、ナビゲーターとして新日東工場の前・工場長に電話して、発電機を運んでくれるよう頼みました。

こうして二人はひと晩中走り通し、翌朝新日東工場に無事到着しました。鋳造保持炉は凝固が始まっていましたが、この発電機のおかげで辛うじて完全凝固を免れました。そして、その後2週間かけて電圧を少しずつ上げ、完全再溶解に成功したのです。後日、トラックを運転して発電機を運んだ社員は、この功績により、社長賞の盾と副賞10万円を手

にしました。

地震発生の翌日の土曜日は、たまたまサンエツ金属の経営会議の開催日でした。朝8時からの会議では、冒頭から被災地への対応策が議論されました。70t鋳造保持炉が保温状態から立ち上がるには、その時点で実際にはどのくらいの時間を要するのか、誰にも判断がつきませんでした。次に、70t鋳造保持炉が復旧するまでの代替生産をどうすればよいか――。私は、新日東工場の鋳造課の社員たちをバスで迎えに行き、当面富山にある砺波工場で製造作業してもらうことを提案し、社員たちを受け入れる準備を進めることにしたのです。

会議が終わると、私は砺波工場の工場

サンエツ金属新日東工場の70t鋳造保持炉は東日本大震災で20日間操業不能に陥った。

長を呼び止め、「東京支店は新日東工場への救援物資を自分たちで賄うから任せてくれと言ったが、富山地区からも全力で支援しなければならない。トラックを手配して、非常食や軽油などをできるだけ買い集めて石岡へ送ってほしい」と指示しました。

なぜなら120人の社員がいるとして1日3食、毎日360食分の食料が必要であり、社員に家族がいれば、夫婦だけでも1日720食が必要となるため、東京支店がどれだけ救援物資を買い集めたとしても、到底賄えるはずはないと思っていたからです。また、仮に余剰になったとしても、保存できるものであれば非常食として社員に分け与えることもできると思いました。

災害時の〝転ばぬ先の杖〟となるBCP

結局、被災地では地震発生から丸3日間、電力は復旧せず、ガソリンの供給も途絶えていたため、自動車も使えなくなっていました。スーパーマーケットやコンビニの棚にあった商品は、即完売の状態になり、周囲の会社は停電のため灯りが消え、夜間は真っ暗だったようです。

その間、当社では富山から毎日、新日東工場の社員とその家族に向けて救援物資を届けました。工場では発電機によって最低限必要な電力を確保し、水、食料、ガソリンは十分に社員の家族に行き渡っていたとのことでした。これは後日談になりますが、新日東工場の社員たちは、CKサンエツグループの社員になったことを改めて幸運と感じ、その家族も富山からの支援を心から喜んでくれたそうです。

70t鋳造保持炉が再び出湯できるようになったのは3月31日のことでした。石岡から出張した形で、砺波工場の鋳造工程で勤務していた社員たちも帰宅の途につくことになりました。新日東工場は大きな納期遅延を起こすことなく、顧客も失わずに東日本大震災を乗り切ることができたのです。

この震災は、当社に様々な教訓をもたらすことになりました。当初、私はいても立ってもいられず、自ら石岡へ行って陣頭指揮を執りたいという衝動に駆られましたが、緊急時における情報の収集・発信の重要性に思い至り、富山に留まる判断をしたのです。そして、それは大正解でした。

被災地ではテレビが映らなかったり、電話やメールの回線が途切れたりして、情報から隔絶されてしまいます。また、被災者にはバイアスが働き、自分自身の置かれた状態を楽観的に考えるようになり、「きっとうまくいく」、「もうすぐ電気が来る」といった根拠もない希望を抱こうとするようになるのです。

私自身は、被災地から離れていたからこそ最悪の事態を冷静に考えることができ、直《ただ》ち

サンエツ金属本社には支援本部が設置された。

に救援やバックアップ生産をしなければならないと考え、部下たちから見ると性急過ぎるように見える命令を矢継ぎ早に発しました。それは結果的に一事業所のみならず、ひいては当社グループ全体を救うことにつながったのです。

東日本大震災のような未曽有の災害時におけるＢＣＰ（事業継続計画）は、なかなか有効に作動しにくいのではないでしょうか。災害の最中にあっては、冷静な判断や行動ができなくなるという事態を踏まえ、ＢＣＰは被災地の本部以外に、別の場所に支援本部を設ける２本部制を基本にしなければならないことを、改めて肝に銘じる機会となりました。

日本伸銅
——大企業病からの脱出

3期連続の赤字経営から経常利益10億円超に

1938（昭和13）年創業の日本伸銅株式会社は、大阪に本社を置く黄銅棒、黄銅線の老舗メーカーです。1961（昭和36）年には東証二部に上場（2022（令和4）年に東証スタンダード市場に移行）、2008（平成20）年に大手商社が筆頭株主となりました。2013（平成25）年4月に工場の溶解炉が爆発して死亡事故が発生。翌年の2014（平成26）年、CKサンエツと業務提携を結び、サンエツ金属の取締役だった山﨑仁郎が社長に就任しました。2015（平成27）年3月には、株式の公開買い付け（TOB）によってCKサンエツの連結子会社となったのです。

買収前の日本伸銅は赤字が続き手詰まりの状況でしたが、CKサンエツから山﨑仁郎、原田孝之が経営者として派遣され収益構造改革を断行した結果、現在は毎年10億円の経常利益を計上するまでになりました。日本経済が不況にあえぐ中、高収益企業に変貌を遂げることができたのはなぜなのでしょうか。当時を知る会社幹部に集まってもらい、M&A前の日本伸銅にはどんな問題があり、それがどのように改善されたのかを語ってもらいました。

原田孝之

〔入社29年目〕サンエツ金属　常務取締役　製棒事業部長

木本道隆

〔入社34年目〕日本伸銅　取締役管理統括部長

奥村健一

〔入社29年目〕日本伸銅　堺工場副工場長

越山勝美

〔入社34年目〕日本伸銅　大阪黄銅カンパニー　課長格

3年連続赤字からのV字回復を達成

トップが代わったら利益が出るようになった

司会（本書編集担当） 現在、日本伸銅の業績は好調とのことですが、CKサンエツに買収される前はどういう状況だったのでしょうか。

原田孝之（以下、原田） 当時、私はサンエツ金属の取締役で、新日東事業所長をしておりました。CKサンエツとの業務提携が始まった2014年、同じくサンエツ金属の取締役だった山﨑さんと一緒に日本伸銅の役員になりました。山﨑さんは社長、私は取締役製造本部長に就任したのです。

司会 前の年の2013年、日本伸銅は工場で爆発事故を起こしていますね。会社を引き継ぐことに不安はありませんでしたか。

誰に対しても裏表がない
性格の原田さん。

原田　事故の直前期から3期連続で赤字が続き、倒れ掛かっている会社でしたので、とにかく再建するんだ、サンエツ流にやれば絶対立ち直るはずや、という意気込みでした。

司会　日本伸銅側はCKサンエツに買収されることに反発はなかったのですか。

奥村健一（以下、奥村）　当時私は製造本部長代理で、副工場長のような立場でした。日本伸銅では、銀行から来た社長の後に商社から社長が来ていたので、トップが代わること自体は簡単に受け入れられました。ただ銀行や商社の時とは違って、同業のサンエツ金属の人が来れば工場にも直接影響があるだろうと思っていました。

木本道隆（以下、木本）　私は当時も総務、経理を担当していました。サンエツは元々商売敵ですので、業務提携前からあまりいいイメージはありませんでしたが、原田さんや山﨑さんが来てから会社がどんどん変わっていきました。今まで利益が出ていなかったのが、急に利益の出る

日本伸銅の現場を知り尽くしている奥村さん。

体質の会社になったので、考え方がゴロッと変わりました。

コスト削減を阻む大企業的体質

司会 CKサンエツの子会社となるまで、日本伸銅はなぜ赤字を解消できなかったのでしょうか。

木本 営業と製造のコミュニケーションが取れていませんでした。コスト削減一つを取っても、営業は営業、製造は製造の言い分があって、それぞれトップの意志が強くて譲らないんです。結局人件費を削ることが多かったので、昇給もなければボーナスだって減額されるので、従業員の不満は相当あったと思います。

司会 経営陣は対応できなかったのでしょうか。

木本 当時のトップは商社から来ていて専門分野じゃないもんですから、営業や工場の責任者から強く言われて納得してしまったのだと思います。だから何も改善されません。

日本伸銅の歴史に詳しい
木本さん。

原田 当時は派閥がたくさんありましたし、営業と工場側の事務所が同じ建物の1階と2階に分かれていて、ほとんど接触していなかったですね。今はワンフロアに改装して、いろんな情報を共有し、連携できる状態にしています。

越山勝美（以下、越山） 当時、私は大阪の営業部で営業部長をしていました。元々オーナー系の社長だったものが、銀行から来た社長、商社から来た社長と代わっていく中で、売上重視、数量優先の商社営業になっていきました。大量に買っていただくお客様向けの捨て値を陥没価格と言うのですが、何の見直しもしないので薄利多売の状態でした。それが、サンエツから来た山﨑さんが社長になり、その後営業本部長になって、各部門の連携が取れる風通しの良い組織に変えてくれました。今では工場の稼働状況を見ながらコスト計算をして、採算が合う価格を設定できるようになりました。

司会 それは工場との連携がなければ難しいですよね。製造の

日本伸銅でいちばんの
ベテラン営業マン越山さん。

ほうにコストの問題はなかったのですか。

木本 仕入・購買は専門の担当者がいたのですが、相見積もりも取らないでいつも同じところから買っていました。稟議も60万円以上だったので、60万円未満でどんどん買っていましたね。

原田 仕入れも特定の商社さんなどを通して高く買っていましたよね。当時の日本伸銅は大企業病的な体質だったと思います。CKサンエツと業務提携してからは、直接仕入れで値引きをしてもらったり、稟議基準を60万円から10万円に引き下げたり、必ず相見積もりを取るなどしてコストを削減できるようになりました。

黒字化へのステップ・バイ・ステップ

経常利益10億円超、平均年収660万円の優良企業へ

司会　CKサンエツグループ内で利益率がトップクラスの会社が日本伸銅だそうですね。CKサンエツの傘下に入ってすんなりと黒字化できたのでしょうか。

原田　業務提携が始まった2014年は赤字でしたね。サンエツ金属から来た私たち以外の役員は、「本業の伸銅業はもうダメだから、工場を移転した後の土地を貸して不動産業を収益の柱にするんだ」なんて言っているくらいでした。もちろん反対はしましたよ。

司会　CKサンエツと業務提携を始めたばかりなのに、不動産業に舵を切ると？

原田　当時の日本伸銅は会社全体に改善が必要でしたが、伸銅

が本業であればサンエツ金属のやり方でちゃんと利益が出せるし、出せないとおかしいと思っていました。

司会　具体的にはどのように変えていったのですか。

原田　最新鋭の設備を使い切れずにもてあましていたのですが、黄銅棒に特化した生産体制を取ってからは超優良工場に生まれ変わりました。製造コスト、生産性、省エネ、どれも劇的に改善されて利益を生む会社になったのです。

司会　何人かの社員が辞めたと聞きましたが、なぜでしょう。

原田　それまでは組織に競争原理が働いていませんでした。当時の工場には会社の言うことを聞かない古参社員がいて、自分は全然仕事をしないで勝手に他の社員に指示を出すもんだから物事が進まないんです。そこで組織に競争原理を入れました。つまり社員を正しく評価して、実力のある人が役員や管理職になるシステムをつくったのです。真面目に働いている人は評価されて報酬にも反映されますが、「会社の上司に指示などされたくない」とか、「そんなことまでして本気で働くのは嫌だ」という社員は辞めていきます。工場では何人も辞めましたが、切れていた神経が繋がったように物事が動き出して、気が付いたらとてもスピード感のある会社に変わっていた、という感じです。

奥村 社員教育の成果も大きかったですね。サンエツ金属からエキスパートが何人も来て、工程ごとに教育を受けました。それで、自分たちが頑張って改善すればそれだけ会社も良くなるという意識が根付いたと思います。以前だと、赤字と聞いても現場の社員は「あ、そうなの？」くらいの反応で関心が薄かったけど、今はやればやるほど会社は儲《もう》かるし、当然給料も上がります。改善されれば楽しく仕事ができるのです。

司会 報酬は相当アップしたのでしょうか。

木本 当時、毎年貰えるボーナスは夏冬合計で50万くらいでしたが、ＣＫサンエツのグループ企業と同様に引き上げられて、足元の２０２２年12月は、平均で２５０万円が支給されます。平均年収は４００万円から６６０万円に増えました。現在、年間で10億円を超える経常利益が出ていますので、それだけボーナスを出せるんです。社員旅行も福利厚生も充実していますよ。

発展する日本伸銅のさらなるチャレンジ

司会　日本伸銅がさらに発展するには何が必要でしょうか。

越山　会長が月例会で、会社の現状や今後のプランを全社員に報告してくれますが、情報が共有されるとやる気につながります。また、様々な改革を経て風通しが良くなり、お客様から求められる企業になりました。昔の営業は個人の力量に頼っていて、お客さんも個人を評価していましたが、今は会社自体が評価され、会社同士の付き合いができるようになりました。今後は過去にこだわらず、今の良いところを部下に伝えながら次の世代を育てていきたいと思います。

木本 私は事務職ですが、製造、工場をバックアップしていく体制を整えたいと思います。それにはやはり知識が必要です。以前は教育が全然行われなかった会社ですから、これからいろいろ勉強して邁進《まいしん》していくしかありません。

奥村 工場の命題は生産性の向上ですが、それには自動化が必要なんです。これまでもサンエツ金属と共に進めてきましたが、まだまだ自動化ができる余地があります。あと、「ヒーローブロンズ」という耐摩耗性が高く、疲労強度の高い特殊な合金を製造しているんですが、材料だけでなく、加工品の製造にも注力していきたいと思っています。

原田 日本伸銅は、今やサンエツ金属のほうが「負けないように」とライバル視するほどの生産性を維持しています。以前は新卒社員を採用することも難しかったのですが、

日本伸銅株式会社の本社と工場。2020（令和2）年8月撮影。

司会　CKサンエツグループに入ってから毎年採用できるようになりました。課題があるとすれば、係長より上の一流の管理職を社内で養成できるかどうかだと思います。赤字経営の会社が、これだけ短い間に体質改善ができたのは、社員の皆さんの並々ならぬ努力の賜物《たまもの》なのですね。本日はありがとうございました。

被災した工場に届けた発電機

無駄になることも恐れぬ迅速な決断が工場を救った

サンエツ金属新日東工場は、元の社名を新日東金属株式会社と言います。2007（平成19）年にサンエツ金属に買収されて以降、毎月2,200～2,300tもの黄銅棒を生産していました。2011（平成23）年3月11日（金）午後2時46分、新日東工場を大きな揺れが襲います。マグニチュード9.0の巨大地震、そう、東日本大震災です。工場のある茨城県石岡市は震度6弱を観測しましたが、幸い従業員とその家族に怪我はなく、工場の建物自体にはほとんど被害がありませんでした。しかし、地震の直後から上下水道、電気などのライフラインが遮断され、工場では金属を溶かす溶解炉と溶かした金属を温めておく保持炉が全停止してしまったのです。

炉が冷えて金属が炉内で一度固まると、二度と溶解させることができなくなり、工場は再起不能に陥ります。石岡市全域で電気が復旧したのが週明けの3月14日（月）でしたが、この週、地震の被害に遭った他社工場は軒並み操業を停止していました。

ところが新日東工場は翌日の3月15日（火）には操業を一部再開できました。しかも、完全な通常操業体制に戻ったのが3月31日だったにもかかわらず、震災当月の3月も通常通り2,300tもの製品を生産し、滞りなく出荷したのです。これを可能にしたのは、未曽有の災害にグループ各社が一丸となって対応し、緊急支援態勢を整えて対応したからに他なりません。それでは、当時の関係者に緊迫の舞台裏を語っていただきましょう。

原田孝之

〔入社29年目〕2011年当時、サンエツ金属　砺波工場長

窪田誠

〔入社28年目〕2011年当時、サンエツ金属　新日東事業所長

中山進

〔入社16年目〕2011年当時、サンエツ金属　新日東工場　仕上課長

池田英司

〔入社22年目〕2011年当時、シーケー金属めっき工場で鉄骨の配送を担当

金属が固まる前に発電機を運べ

司会（本書編集担当） 2011年3月11日に地震が発生したときの状況を教えてください。

窪田誠（以下、窪田） 当時私はサンエツ金属の新日東工場で工場長をしておりまして、地震発生時は仕上課長の中山さんと一緒に出張先から車で帰る途中でした。工場から車で1時間くらいのところで信号待ちをしていると、止まっていた車が今にも動き出しそうになるくらいの大きな揺れが襲ってきました。信号が消えて電線が波打っていたし、近くの電柱がしなっていて今にも倒れそうでした。慌てて工場や社長に電話をかけましたが、繋がらないので工場へ急ぎました。

司会 工場も停電していたのですか。

窪田 その通りです。この工場には元東電社員がいたのですが、富山にいる釣谷社長から「炉が止まっているなら発

誰にでも正論を直言できる
窪田さん。

電機は要らないのか」と電話が来たのに、「東電は長いこと停電させたことはないから、すぐに電気は復旧します」と言って断ったと言っていました。小さい発電機を食堂につないでテレビをつけてみたら、発電所が津波に呑まれる映像が映し出されたので、これはもう電気は来ないと思って、社長に電話して発電機を依頼しました。時間は午後6時頃だったと思います。

原田孝之（以下、原田） 実は、新日東工場から一度は断られましたが、社長は「無駄になってもいいから」と言って発電機の手配を始めていたんです。富山県のサンエツ金属砺波工場で社長が、大型トラックで発電機を運べる人を探したのですが誰もいませんでした。そこで、グループ会社のシーケー金属に声をかけました。

池田英司（以下、池田） 私は当時シーケー金属で鉄骨の配送を担当していました。その日の夜7時頃、帰宅途中に会社から呼び出されて、業者のところで発電機を積んで、茨城まで運んでほしいと言われました。社長が道路の状況によっては知らない土地を回り道するかもしれないと言って、新日東工場の元工場長にナビゲーター役を命じてくれていたので同行してもらいました。4tトラックで発電機を引き取りに行ったら、4・5tもあって4tトラックに載らなかったので、一度会社に戻って10tトラックに乗り換えました。そんなこんなで富山を出発したのは夜の11時くらいになりました。

司会　茨城まで、かなりの距離がありますよね。

池田　500km弱くらいですかね。雪が降っていて寒かったのを覚えています。道が寸断されているかもしれないので、二人で目を凝らしながら走りました。カーブが多くて、曲がるたびにトラックのお尻が振られて本当に怖かったです。5時間くらい走って長野県のサービスエリアで仮眠をしようとしたら、10分もしないうちに震度6の地震がドーンと来て眠気が吹き飛びました。早いほう

しごできおしゃべりモンスター
池田さん。

が良いと思って高速道路を走り出したら、道路の通行止めが次々に解除されていって、3月12日の朝8時頃には新日東工場に到着できました。

窪田 私は工場に泊まり込んで待っていました。発電機は来たものの電気がなくてクレーンが使えず、トラックから降ろせなかったんです。それで発電機を載せたまま、ケーブルが届くところにトラックを横づけしてもらって、運んでくれたお二人には社用車で帰っていただきました。新日東工場には日本最大の70tの鋳造保持炉があるのですが、急いで発電機をつなぎました。溶かした金属が固まってしまったら、工場が再開できなくなると思いました。

被災工場の生産を止めるな

司会 工場の電気が復旧したのは週明けの3月14日月曜日で、翌3月15日には操業を再開していますね。他の会社が操業を停止している中、なぜそんなに早く再開できたので

加工のことなら新日東イチ
熟知している中山さん。

すか。

窪田 金属加工の場合、主な工程は「鋳造」、「押出」、「加工」の三つです。原材料を溶解炉で溶かして固め、電柱のように太い棒を作る工程が「鋳造」です。ここでつくられる太い棒は「ビレット」と呼ばれます。ビレットを加熱してプレスし、加工しやすい棒の形にする工程が「押出」、最終的な製品を作る工程が「加工」です。当時電力は復旧したものの、計画停電で安定した供給が望めなかったので、電力をたくさん使う溶解炉は稼働できませんでした。つまり「鋳造」ができず、ビレットが作れなかったんです。そこで、新日東工場と同じく黄銅棒の生産をしていた砺波工場にビレットの生産をお願いして、新日東工場ではその後の作業、つまり「押出」と「加工」の工程のみを再開することにしました。

原田 砺波工場では、自分たちの分以外に新日東工場の分までビレットを作ることになって、3交替制のフル稼働になりました。人手が足りないので、3月15日に新日東工場の社員16人をバスで砺波工場に運び寄せて、2週間ホテル住まいで鋳造作業をしてもらったのです。それでも足りないので、鉛レス黄銅棒を専用炉で一気に作り溜めし、緊急対応ということでこの炉を鉛入りの黄銅棒生産に転用しました。

窪田 皆さんの協力のおかげで震災当月の3月も震災前と同じ2300tを出荷でき、発電機のおかげで炉を守ることもできました。グループ企業だからできたことで、単体の工場だったらこうはいかなかったでしょう。

無駄を恐れないバックアップ体制

司会 しかし、3月15日といえば、震災直後で食料も水も手に入らなかった時期ですよね。そんな中、社員は出勤できたのでしょうか。

原田 社長から、救援物資をどんどん送るように指示を受けていました。東京支店からは自分たちが支援するから富山は動かなくていい、と言われていたんですけど、緊急時なんだから無駄になってもいい、とにかく物資を送れと言われまして。社員の家族の分もあるので、水や食料などをスーパーで箱買いしてトラックで送りました。この食糧支援を２週間くらい続けましたが、社長の判断は賢明でしたね。結局東京では水も食料も手に入らず、ガソリンもなく、茨城まで行ける状況じゃなかったんです。

窪田　社員が交代で２人１組になって、３月14日の晩から毎日、夜は富山に走って昼に帰ってくるという体制で物資を運びました。社員１２０人とその家族、３００人とか４００人分の物資を運んだのですからすごい量です。麺類だけで５０００食、パンでも１０００食、レトルトに水、食料だけでこの短期間に３００万円以上は送ってもらっています。実は運送代も高くて、ビレットの運送を含めると１０００万円を超えました。

中山進（以下、中山）　あの時は食料をたくさんいただいて、「頑張って働いてきて」と送り出されるくらい家族が喜びました。災害が起きてみると、実際に電気やガスがない、水がないという経験は初めてだし、気が動転しているので頭が回りません。でも食べるものの心配をする必要がなかったので、安心して仕事ができました。あれだけ大きい地震でしたから、学校の校庭が地割れしているし、駅のベンチはひっくり返っているし、家の中はめちゃくちゃだし、どこかへ行きたくてもガソリンもないという状態でした。そんな中、わずか4日後に工場が再開して全員普通に操業できたのは、ちょっと凄いことだと思います。

窪田　店も地震のあった初日に商品がすべて売り切れて、補充されないから閉まっていました。だから、富山からの物資の支援は本当に助かりました。工場のある石岡は電気と同じタイミングで水道も復旧したのですが、地域によっては水が1週間くらい出ませんでした。社員から家族がお風呂に入れなくて困っていると聞いたので、時間を決めて工場のお風呂を貸し切りの家族風呂にして提供しました。

中山　当時は会社がサンエツ金属に買収されて4年目でしたが、この経験のおかげで社員の結束が強くなりました。「社長にお礼を言ってくれ」と言う社員もいました。正直言って以前の会社のままだったら、この工場は終わっていたかもしれません。

原田　この経験から得た教訓は、災害の当事者は情報が少ないこともあり、緊急時に正常な判断をするのは困難だということです。今回は地震の被害がほとんどなかった富山に社長がいたからこそ、司令塔として冷静にバックアップ体制を整えることができました。要らないと言われても発電機を探したし、無駄でもいいからといって富山で物資の調達を始めました。結果的にそれが新日東工場を救ったのです。この経験は当社の事業継続計画（ＢＣＰ）に活かされています。

司会　工場が地理的に分散していて、発電所の管轄が異なっていたことも事業継続に適していたのかもしれませんね。
本日は貴重なお話をありがとうございました。

■図表-15 CKサンエツの沿革

1920(大正 9)年 6月	●シーケー金属	中越可鍛製作所として、高岡市京町で鉄管継手の生産開始。
1936(昭和11)年 9月	●シーケー金属	中越可鍛株式会社設立。
1937(昭和12)年12月	●サンエツ金属	東京都江戸川区で阪根伸銅株式会社設立。
1943(昭和18)年12月	●サンエツ金属	関東通信金属株式会社に社名変更。
1945(昭和20)年 6月	●サンエツ金属	戦災により富山県高岡市に移転。
1947(昭和22)年 5月	●サンエツ金属	三越金属工業株式会社に社名変更。
1951(昭和26)年 9月	●サンエツ金属	日本工業規格JIS 表示許可工場。
1951(昭和26)年11月	●シーケー金属	日本工業規格JIS 表示許可工場。
1961(昭和36)年11月	●シーケー金属	北陸亜鉛株式会社を高岡市横田に設立。
1970(昭和45)年 4月	●シーケー金属	北陸亜鉛株式会社を高岡市長慶寺に移転。
1972(昭和47)年10月	●シーケー金属	高岡市二上地区へ移転完了。
1974(昭和49)年 6月	●シーケー金属	シーケー金属株式会社に社名変更。
1984(昭和59)年 9月	●サンエツ金属	北陸金属工業株式会社と合併し、サンエツ金属株式会社に社名変更。
1993(平成 5)年 7月	●シーケー金属	北陸亜鉛株式会社と合併。
1993(平成 5)年12月	●サンエツ金属	名古屋証券取引所市場第二部上場。
1994(平成 6)年12月	●サンエツ金属	中国の大連に、大連三越精密部件工業有限公司を設立。
2000(平成12)年 4月	●サンエツ金属	住友金属鉱山伸銅株式会社から黄銅線事業の営業譲受。
2006(平成18)年10月	●シーケー金属	e めっきが国土交通省の「NETIS」に登録される。
2006(平成18)年12月	●シーケー金属	長慶寺工場を本社所在地へ移転統合。
2007(平成19)年 8月	●シーケー金属	e めっきが『第2回ものづくり日本大賞』優秀賞を受賞。
2007(平成19)年10月	●シーケー金属	透明継手が『グッドデザイン賞』を受賞。
2007(平成19)年10月	●サンエツ金属	新日東金属株式会社から全事業を譲受。
2011(平成23)年 5月	●サンエツ金属	新プレシジョン工場竣工。
2011(平成23)年10月	●CKサンエツ	会社分割により持株会社制に移行。
2011(平成23)年12月	●シーケー金属	株式会社リケンCKJV を設立。
2013(平成25)年 6月	●サンエツ金属	古河電気工業株式会社から錫リフローめっき線等の製造設備を譲受。
2013(平成25)年 6月	●サンエツ金属	日立ケーブルプレシジョン株式会社からめっき線事業を譲受。
2015(平成27)年 3月	●CKサンエツ	日本伸銅株式会社に対する公開買付けを実施し、連結子会社とする。
2015(平成27)年 3月	●CKサンエツ	大連三越精密部件工業有限公司への出資持分の全部を譲渡。
2017(平成29)年 3月	●CKサンエツ	東京証券取引所市場第二部に上場。
2018(平成30)年 3月	●CKサンエツ	東京証券取引所市場第一部に上場。
2020(令和 2)年 6月	●サンエツ金属	日立アロイ株式会社から黄銅線設備を譲受。
2020(令和 2)年 7月	●サンエツ金属	日立金属株式会社からシンクロナイザーリング事業を譲受。
2022(令和 4)年 4月	●CKサンエツ	東京証券取引所プライム市場に上場。

第4章

社員の待遇を改善したら、労働組合が自主解散した

1.「働きがいのある会社」をめざし、〝社員重視〟へ

社員への先行投資「先出しジャンケン」が会社を成長へと導く

社長就任の際、社員に向かって、

「皆さんにとって働きがいのある会社にしようと思います。それを信じて働いてほしい」と呼びかけてから25年の歳月がたちました。

その間、社員にとって「働きがいのある会社」にするために拡大均衡路線を歩み、とことん〝社員重視〟の経営をしてきました。これらの選択が間違っていなかったことは、現在の当社グループを見ていただければ明らかでしょう。

正しい努力を要求するのが社長の仕事、その要求に応えて努力するかしないかは社員の自己責任です。

会社経営で結果が出せなかったら、社長自らが責任を取ってクビになればいいわけですが、私が指示したことに対応しなかったら、その社員には退職してもらうこともあると話しました。その代わり、私の指示に従って努力した場合は、その努力して働いた分を社員

みんなに還元しようと約束したのです。

その約束に留まらず、前もって社員には賞与を多めに渡しました。私はこれを、「後出しジャンケン」ならぬ、「先出しジャンケン」と言っています。「この先きっと利益が出ることを見込んで、先に賞与を支払っておくので懸命に働いてほしい」と社員に頼んだところ、社員にその理由を尋ねられたので、「それは投資だから」と返答しました。

労務費は経費ではなく「投資」です。経費として捉えると、経営者は「働いてもらった分だけ払う」べきと考えますが、「投資」であれば先に支払っても問題はありません。後で回収できれば良いのです。加えて、それは社員と前払い契約を交わしたことと同等になるため、会社方針に従って働かない人は評価が低くなり、場合によっては退職してもらうこともあるということです。

私は社長就任時に、働いても働かなくても同じ待遇であった以前の状態からの脱却を図り、「働き者が報われる会社にしよう、働きがいのある会社になろう」と社員に宣言しました。しかし、それを聞いても社員は「働きがいのある会社」とは何かが、いまひとつ理解できなかった様子でした。

そこで「とにかく働けば働くほど得をする会社にする。働いた人間が得をするのだから、働かないと損をすることになる」と伝えたところ、社員は皆「頑張ります」と意思表示し、実際とてもよく働いてくれました。当時は、まだまだ能力不足の社員もいましたが、これまでにも増して仕事に励むようになったことは、会社にとって大きなプラスとなったのです。しかも、一人ひとりが自主性をもって働くようになり、それを見た私は、とても頼もしく感じました。

その一方で、〝会社はケチだ〟と思っている社員もいたようです。そうした社員は、自身に対する分配の割合について不満を感じていることがわかりました。そこで、社員一人ひとりを客観的に評価できる基準を策定し、すべてオープンにすることにしたのです。この評価システムに関しては、詳しく後述します。

2. 工場の夜勤撤廃を決断
——M&Aと電力自由化が可能にした〝夜勤レス〟

工場の設備と人材を集約し、効率的に働ける環境に

かつて溶解炉や焼鈍炉を使用している工場では、安価な夜間電力や高額装置の操業度を維持するために交替勤務や夜間勤務を実施していました。しかし、時代は変わり、社員の健康に配慮して夜間は装置を止めるか無人運転にするのが、21世紀の製造業のあるべき姿です。

当社では現在ほとんどの工場で夜勤全廃を完了しています。残りの工場でも進捗《しんちょく》度合いを「夜勤率」という指標で管理しながら、ロボット化や自動材配システム化など夜間無人操業のための設備改善を進めています。

２０１６（平成28）年10月に、シーケー金属の継手工場で焼鈍炉に夜間自動運転装置を導入して夜勤を全廃したことを皮切りに、２０１８（平成30）年12月にサンエツ金属の新日東工場、２０２０（令和２）年には日本伸銅堺工場とサンエツ金属プレシジョン工場が

夜勤レスへ移行し、2021(令和3)年にはサンエツ金属の高岡工場と砺波工場が、夜勤の全廃に挑戦しています。

では、なぜそれ以前は夜間に操業していたのか――そこには二つの理由がありました。一つは、設備投資に伴う減価償却費を極小化するためです。3交替制で24時間稼働させると、機械の台数は3分の1の台数で済みます。しかし、定時の8時間稼働だけで同じ生産量を維持しようとすれば、単純に3交替時の3倍の工場設備が必要となるのです。二つめは、原子力発電所の余剰電力による安価な夜間電力を利用していたことです。

ところが、設備については当社がM&Aを推進したことで、提携(合併・買収)先が保有していた設備が全部当社のものとなりました。

また、電力料金については、東日本大震災の発生以降、ほとんどの原子力発電所が停止したことに加え、電力自由化の影響もあり夜間電力の使用メリットは薄れたのです。さらに、近年急速に普及した太陽光発電には昼間の供給量を多くする効果がありました。

当社グループの夜勤廃止には、国内需要が減少していく中で、業界再編に伴って生じた過剰設備を有効利用するという側面がありました。

すでに第3章でも触れましたが、私たちは提携(合併・買収)先の設備や人材を有効活用しようと心がけてきました。それは、社内のコミュニケーション、チーム力を増強することに繋がり、工場を集約することで効率的に働けることにもなります。朝・昼・晩と1・3人分ずつの仕事量を3交替制でこなすと、1日当たり1・3（＝2）人×3＝6人が必要になるところ、すべて日昼の時間帯に収めれば1・3×3＝3・9人分を4人で賄うことができます。つまり、6人－4人＝2人となり、2人が余剰となり、生産性が約33％向上することになるのです。

さらに言えば、欠員ができた場合でも3交替制では、新人に対しベテラン1人が付きっきりで指導する必要がありますが、昼勤だけならば、みんなで1人をサポートすることができます。

加えてそのうちの1人を課長や係長とする編成にすれば、「夜勤あり」の3交替制に比べてチームとしての士気が格段に高まり、リスクマネジメントも万全な体制になるでしょう。そもそも夜間に勤務するということ自体が人間の生理機能に反した就労形態で、労働環境の改善という点からも当社として最優先に取り組むべきことでした。

交替制というのは、「自分の大切な職場」という意識も薄れさせるところがあります。管理職が見ていない夜勤時は機械のメンテナンスはなるべくやらない、冬場にストーブの灯油が切れそうになっても補給して帰らない、面倒な段取りは後回しにし、壊れた機械があっても気付かないことにする、申し送り事項には都合の悪いことは書かない――こうした傾向があったのです。

そんな引き継ぎですから、交替で出社してきた社員はいきなりトラブルに見舞われます。出勤して早々から目の前の故障を修理したり、機械の段取りや点検や掃除から業務を始めなくてはならず、非効率この上ありませんでした。

こうしたことをすべて考慮すると、夜勤があったときと、現在の当社との間には、かなりの質的な違いが生じたことになります。3交替制を廃止し、勤務時間を昼間の時間帯に限定するだけで、別次元のレベルの会社に変身できたと見ています。

3．待遇改善が労働組合の自主解散につながった

社員の待遇を改善したら、労働組合が自主解散

私は、労務費を経費ではなく「投資」と考え、「先出しジャンケン」で待遇改善を先行しました。私は将来の収益改善を見込み、リスクを承知の上で社員の賞与増額に踏み切ったのです。

サンエツ金属の収益率は次第に上昇し、それに伴い賞与の支給金額は、労働組合の上部団体が提示する統一要求の目標金額を上回るようになりました。するとと、労働組合は労使交渉の論点を見失い、2004（平成16）年6月に自主解散してしまったのです。

その後は、M&Aにより新日東金属株式会社から事業譲受し、さらに日本伸銅株式会社も子会社化していますが、いずれの労働組合も社員の待遇を改善したことによって自主解散しています。

サンエツ金属労使共同宣言

サンエツ金属株式会社（以下「会社」）とサンエツ金属労働組合（以下「組合」）は、２１世紀を勝者として生き抜く固い決意をもって、次のとおり宣言する。

1．会社は経営理念として
・我々は、顧客が求める『良いものだけを、安く、早く、たくさん』生産することで、社会に貢献します。
・我々は、『働きがいのある職場』を提供することで、社会に貢献します。
・我々は、社会から『期待され、期待に応え、期待を越える』企業であり続けるため、たゆまぬ努力を重ねます。
を掲げ、その実現に邁進してきた。

2．組合は目的として
・労働者の経済的、政治的、社会的地位の向上をはかる
ことを掲げ、活動を続けてきた。

3．会社は経営理念に基づき、ここ一両年、富山県下最高水準額の賃金引上げと、賞与の支給を行ってきた。また、多くの新規採用者を迎え入れるとともに、社員教育を行うことで質的レベルアップを図ってきた。今後もこの方向を目指し努力する。

4．会社と組合は、この経営理念の実現への努力が、組合の目的達成に直結するとの認識で一致した。

5．組合は今日の社会情勢、何よりも会社の状況を見たとき、組合としての所期の目的を全うしたと判断した。そして、栄光の歴史が色あせていない今こそ、その幕を閉じる時と決断した。今後は広く、全社員で構成するサンエツ親睦会に結集して経営理念の実現のため努力する覚悟である。

6．会社は組合の決断を重く受け止め、経営理念の実現を通じ、企業としての社会的責任を果たしていく。

以　上

平成16年6月28日

サンエツ金属株式会社
代表取締役社長　釣　谷　宏　行

サンエツ金属労働組合
執行委員長　鷲　塚　勝　宏

2004（平成16）年　サンエツ金属労働組合は自主解散した。

「仕事の棚卸し」で不要な作業を削減して仕事の絶対量を減らし、ＥＤＩ（電子データ交換）の導入で事務の効率化を実現

近年、「働き方改革」はどの業界、どの職種でも叫ばれています。その第一の問題として挙げられるのは組織にムダな仕事が存在していることでしょう。

つまり、従来の仕事の仕方やルールをまず疑い、その中で無駄な作業を洗い出し、その一つひとつを廃止したり、改善したりすることで、本来取り組むべき業務に集中できる職場環境を整えることが大切です。第１章では掃除や草取り、ドブ掃除などは社員にさせないことを書きましたが、ここでは業務の無駄な部分についてお話しします。

当社グループでは恒常的に「仕事の棚卸し」を実施し、不要な作業を廃止することで仕事の絶対量を減らすようにしています。それは収益に直接影響するため、会社にとって絶対に必要な改善作業です。

組織では、一旦ルールができてしまうと、それを金科玉条のごとく守り、時間の経過で無駄な作業となっているのに気付かなかったり、あるいは気が付いていても形式として残すことに固執したりする人がいます。

例えば、紙の上で日報を作成し、さらにパソコン上でも同じことを入力するという時間

と労力の無駄遣いがあります。私はこうした無駄な事務作業にどんどんメスを入れ、改善を促してきました。

事務職の人たちは、得てしてビルド&ビルドの思考で、新しいやり方を始めたときにそれまでの古いやり方をスクラップにしません。なぜなら、自分たちの仕事がなくなってしまう恐れがあるからです。パソコン上で済むことをわざわざ紙ベースに転記したり、メールで一斉配信すれば済むところをプリントアウトして配布したりしているのです。当社では、そんなことをやっていても仕方がないので、こうした事務の無駄を減らすことに努めてきました。

一方、製品の検査にはコンピュータシステムを導入し、不良品項目の決まったボタンを押すと自動でカウントされ、不良品が自動的かつリアルタイムに集計されていくようにしました。品日、不良数、不良の傾向まですべてが自動で日報化されるシステムです。

また、以前は顧客からの注文を電話やＦＡＸで受けていましたが、現在はＥＤＩ(Electronic Data Interchange ＝電子データ交換)で処理しています。ＥＤＩとは、契約書や商取引に関する文書を専用の通信回線やインターネットでやり取りする仕組みのことです。顧客が自社のパソコンに入力すると、当社へ発注書が自動的に送信されてきて、それによって出荷指示書や納品書の作成までも自動で処理されるのです。以前に比べ事務作業は、格段に効率化されていると思います。

４．「正直者が馬鹿を見ない会社」の実現に向けた人事評価制度の確立

社員一人ひとりの働きぶりを可視化

正直者が馬鹿を見ない会社――。

これまでにも幾度となく書いてきましたが、私はこの言葉を標榜《ひょうぼう》し、社員全員に「努力して働く者がきちんと報われる会社」にすることを約束してきました。

しかし、「正直者」とはどんな社員なのでしょう？

「よく働く」とはどういう働き方を意味するのでしょう？

報いる会社になるためには、こうした質問に答えられる明確な基準を社員に示し、評価担当の管理職にそれを順守してもらわなければなりません。

例えば、プロ野球の野手であれば打率、打点、ホームラン数、盗塁数、出塁率、犠打数、守備範囲の広さ、失策率、出場試合数、そして今ならレプリカのユニフォームの売上枚数なども年俸を決める基準になるのかもしれません。いずれにせよ、明解な数値、明確

な基準に基づき評価されていることに間違いはありません。

一般的に、会社が社員の賞与の金額を決める方法は二つあります。

一つは、毎月の給与金額を賞与金額の基礎とする方法です。給与金額は年功序列の影響を受けているので、賞与金額も同様になります。もう一つは、人事評価の点数×ポイント単価で算定する方法です。能力主義や実力主義、成果主義といわれ、いかにもアメリカ流の方法です。


日本では今、この二つの方法をミックスしている企業が多いと思います。当社でも給与を決める上では年功序列の要素を残しています。

しかし、賞与金額は100%実力主義で決定しています。それは、当社の業務が基本的に社員の誰がやっても同じ結果になるものではなく、社員それぞれの能力や働き方によって相当程度、成果に差が生じるからです。

したがって、当社では人事評価表を作成してプロ野球選手のように数値化・点数化することで、社員一人ひとりの働きぶりを可視化して評価します。評価項目は職種や職位に応じて変えますが、いずれの場合もブラックボックス化はせず、評価対象期間前に、対象社員全員に人事評価表を開示し、判定ルールも説明しています。また、毎回評価項目を見直して、必要に応じた改定を加えています。

かつて、社員の中には「なぜ評価を行うのですか」という疑問を発したり、「私は人類皆平等だと思います。点数を付けるのは差別です」と訴えてきた者もありました。

そうした社員に対し、私は「点数を付けてあげないと、頑張った人が可哀《かわい》そうではないか」と丁寧に話し、その上で当社の評価基準や評価方法、評価の調整方法、面接の仕方などについて事細かに説明しました。そうすることで、平等ではなく公平な評価が大事であることを理解し、評価の在り方に納得してもらおうと考えたからです。

会社への貢献度合いを点数化し年収に還元

評価担当者への研修では「評価」の意義と方法について次のように説明しています。

①頑張っても頑張らなくても待遇が同じなら、社員は頑張れない。
②会社のために貢献した程度に応じて、各社員の待遇を決めるべき。
③各社員が貢献した度合いは、可視化するために数値化・点数化する。
④点数化するための道具として、人事評価表（採点シート）を使用する。
⑤評価項目には、社員への要求事項を列挙する。
⑥人事評価表には、評価項目と配点を明記して、ゲームのルールを定める。

■図表-16　点数の金額換算表（2022年10月現在）

採点の幅（ばらつき）	49.5〜50.5点	45 〜 55点	40 〜 60点	35 〜 65点	30 〜 70点	25 〜 75点
採点差	1点	10点	20点	30点	40点	50点
1時間差	19円	189円	378円	567円	756円	945円
1日差	151円	1,512円	3,023円	4,534円	6,047円	7,558円
1カ月差	3,250円	32,500円	65,000円	97,500円	130,000円	162,500円
3カ月差	9,750円	97,500円	195,000円	292,500円	390,000円	487,500円
賞与差	19,500円	195,000円	390,000円	585,000円	780,000円	975,000円
年収差	39,000円	390,000円	780,000円	1,170,000円	1,560,000円	1,950,000円

（前提1）1回の賞与支給額を社員平均1,250,000円とし、賞与を年２回支給した場合。

（前提2）評価は3カ月ごとに１回実施し、2回分の評価の平均点に19,500円を乗じて金額を算出した場合。

（前提3）本表とは別に、管理職には1,160,000円、係長には580,000円を一律加算する。

⑦人事評価表は事前に開示し、ルールを共有して、社員を動機付ける。
⑧人事評価表の寸評欄には、閻魔帳《えんま》にメモした対象期間中の備忘事項を転記する。
⑨評価項目ごとに、各項目における標準レベルの者に中位の点数を付けるところから始める。

①でいう「待遇」とは、一義的には、年収（給与＋賞与）のことです。評価担当者には、情実ではなく成果で評価してもらいます。

社員は会社が好きだから仕事をしているわけではなく、仕事できちんと評価され、その対価を得るために働いていることを評価担当者に認識してもらいます。待遇は、会社に貢献した度合いに応じて決めるのが合理的です。貢献してもしなくても、同じ待遇が与えられるのであれば、その会社では誰も努力しなくなります。

各社員の貢献度合いは、数値化・点数化することで金額に換算することができるようになります。社員はこの点数を取るための競争をすることになりますが、それはもちろん強制ではありません。競争は、社員一人ひとりの自主性に委ねられているのです。

⑧の「人事評価表の寸評欄には、閻魔帳にメモした対象期間中の備忘事項を転記する」というのは、評価対象期間中の部下たちの日頃の言行をメモしておき、人事評価表に書き入れるということです。

その場合、できるだけ具体的にキーワードを意識しながら箇条書きにしておくと、採点の背景が誰の目にも読み取れるようになります。これは万が一、訴訟問題に発展したとき、えこひいきや差別のそしりを免れるための証拠にもなります。

社内の情報は包み隠さずオープンに——情報格差を是正する

さて、ここから先が評価の客観性を担保する作業になります。

まず、社員一人ひとりに点数を付けたら、対象社員全員の合計を算出し、それを社員数で割って平均点を算出します。平均点が評価表における満点を半分にした数値より大きい場合、評価担当者は甘めの採点をしていることになり、逆に小さいときは辛めの採点をしていることになります。

例えば、社員3人の点数がそれぞれ50点、60点、70点だとすると、平均点が60点になります。そのとき、100点満点なら、その半分は50点なので、60点－50点＝10点ずつを各社員の点数からマイナスします。すると、3人の点数は40点、50点、60点となり、平均点は50点になります。最初の評価は絶対評価であったとしても、相対評価の要素をそこにも持ち込むことになるわけです。

また、評価担当者の上長が、その評価結果に疑問を感じた場合、評価表に赤ペンで修正を入れることも可としました。もちろん、その場合には、下位評価担当者との話し合いの場がもたれることになります。

そうした細かい調整や見直しを行った後、いよいよ評価担当者と社員とで面接を行います。社員にはそれに先立って、評価項目ごとに同じグループの最高点者・最低点者を意識しながら、自己採点をしてもらいます。

その結果、上司の評価と自己評価に隔たりがある場合、第三者の立ち会いの下、お互いに事由を擦り合わせます。差異が生じた項目を明確にし、具体的な改善策を話し合うことが当該社員の成長につながります。

改善策のフォローはさらに重要です。作業現場での社員の努力を改めてチェックし、面接したときに決めた改善策が現実に実行されているのかを検証する必要があるからです。こうした一連の評価作業は、会社にとって人づくりそのものなのです。

5．未曾有の経済危機への挑戦
――社員に安定した待遇を保証

景気動向や経営成績に左右されずに賞与を支給

当社の賞与制度について、評価基準や採点表とは別の角度から話を続けていきたいと思います。

ある年、せっかく採用内定が決まっていたのに、迷った挙句、入社を辞退した学生がいました。その学生は結局公務員になったのですが、その理由を尋ねると、「民間企業は業績が悪くなると、賞与を下げたり出さなくなったりするから」ということでした。実際には、民間企業の給与・賞与が減ると、公務員も少しだけ減ることになります。でも、民間企業よりよほど安定していることは否めません。

そこで私は、「安定」を求めて公務員を志向する学生にも魅力を感じてもらおうと、景気動向や経営成績とは連動しない賞与決定方法を採用したのです。現在、社員1人当たりの賞与の平均金額は年250万円ですが、これは経営成績には連動しない固定金額です。

もちろん、前項で既述したように社員一人ひとりの人事評価には連動することになります。

景気動向といえば、私がトップとして会社を切り盛りするようになってから、100年に一度といわれる経済危機が二つありました。一つは2008（平成20）年9月に起きたリーマンショック、もう一つは2019（令和元）年暮れから始まったコロナショックです。いずれの時も当初から、世の中の工場は稼働を停止するだろう、そして当社の工場も停止するだろう、やがて当社の決算は赤字に転じるだろうと社員に予告していました。

しかし、いずれの時も、私は社員全員を前に「社員の給与も賞与も減りません。だから、生活水準には影響ありません」と宣言しました。そうすることで、まずは不安な気持ちの社員に落ち着いてもらおうとしました。

真面目な社員ほど危機感を強くもつ傾向があり、それにより仕事に手が付かなくなったり、萎縮して設備投資に消極的になったりなどマイナス要素がもたらされ、長い目で見ると、会社全体の活力がそがれることに繋がりかねないと危惧したのです。

未曽有の経済危機に見舞われても設備の導入計画は予定通りに進めること、そして社員の給与も賞与も一切変えないことにしました。これは、どの会社でもうまくいく方法であるかは保証の限りではありませんが、これがCKサンエツ流の経済危機の乗り越え方だったといえるでしょう。

6.「働き方改革」の時代から「働き方選択」の時代へ

ライフステージに合わせた働き方を選択

世の中では、「働き方改革」が喧伝《けんでん》されていますが、当社ではすでにその段階は終えていると思っています。

これまで高額賞与の安定支給、無駄な残業をなくすためのフレックスタイム制の導入、工場における井水式クーラーの設置、各事業所における給食費補助、作業服や事務服の品質向上、交替勤務を廃止した夜勤レスなど、職場環境の改善を次々と実現してきました。その成果として、人材を集めることに成功したのです。

これからは「働き方改革」より一歩先にある、一人ひとりが自分のライフステージやキャリアマップに合わせた働き方を自由に選択できる会社にしていかなければならないと考えています。

序章でも既述した通り、2017（平成29）年はGPTWの「働きがいのある会社」コンテストでCKサンエツが初めてランキングされた年ですが、その年の6月に当社内では「働き方選択制度」を創設しています。

これは、毎年8月に、社員一人ひとりが自分の希望に沿った働き方を選択する制度です。例えば、子どもが生まれたばかりなので、この1年は私生活を最優先で考えたいとか、この1年を自らのブラッシュアップ期間と定め、仕事優先で頑張りたいなど、1年の働き方を定める機会を設けたのです。

この制度の選択肢には、

①仕事最優先で超高待遇希望
②仕事優先で高待遇希望
③私生活優先で低待遇希望
④私生活最優先で超低待遇希望

――の四つがあります。

社員が選んだ働き方の構成比は、①15%、②70%、③15%、④0%という結果でした。ただし、多くの社員からの要望は選択肢に「2・5」を設けてほしいというものでした。つまり、②と③の中間で仕事と私生活を同じウエイトにしたいということです。

■図表-17　働き方選択

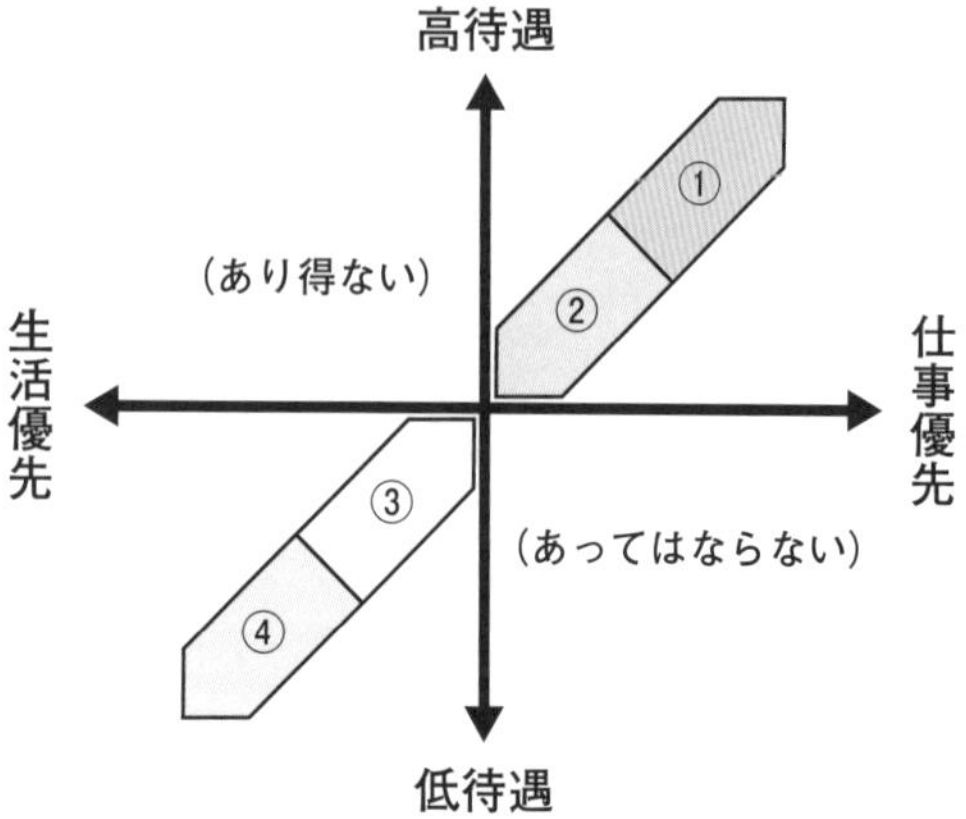

①仕事最優先で超高待遇希望	チーム（職場）の都合を最優先する。個人的な予定や都合は犠牲になっても仕方ない。仕事と自己啓発に打ち込み、仕事面で格段に成長したい。遠慮せずにどんどん仕事を振ってほしい。どんなときも仕事には気持ち良く全力で応じる。プロの仕事にふさわしい待遇（お金・地位・名誉）を望む。
②仕事優先で高待遇希望	チーム（職場）の都合を優先する。個人的な予定や都合を犠牲にすることもある。仕事と自己啓発に努力し、仕事面で成長したい。遠慮せずに仕事を振ってほしい。できる限り仕事には気持ち良く応じる。残業命令や休日出勤命令には積極的に協力する。病気や一斉年休やフレックスの土曜日以外では、稼働日に有給休暇を取得しようと思わない。仕事の成果に応じた待遇（お金・地位・名誉）を望む。
③私生活優先で低待遇希望	自分の都合を優先することがある。チーム（職場）の都合を犠牲にすることもある。今は、仕事や自己啓発より、私生活や自分の時間を大切にしたい。仕事を増やさないでほしい。仕事には気持ち良く応じられないことがある。生活に必要なレベル以上の待遇（お金・地位・名誉）は望まない。
④私生活最優先で超低待遇希望	自分の都合を最優先する。チーム（職場）の都合は犠牲にする。今は、自分のことで精いっぱい。仕事を減らしてほしい。仕事には気持ち良く応じられない。待遇（お金・地位・名誉）については、悪化しても仕方ない。

しかし私からすると、それは何も優先表示しないことと同じですので、仕事優先・高待遇または私生活優先・低待遇のどちらかの意向表明をしてもらうようにしました。その結果として、社員が選んだ選択肢の構成割合は会社として実に良いバランスになっていると思っています。

私は、この四つの選択肢はどれも経済合理性に適《かな》い、この世に存在してよい働き方であると宣言しました。

仕事から逃避したのに待遇が上がるということはなく、仕事を積極的にこなしたのに待遇が下がることもあってはなりません。４分割図の45度補助線上にある働き方はすべて合理的で、①～④のどれを選択しても当社の社員にふさわしい人たちです。だからこそ、上司や同僚に気を使うことなく、主体的に選んでほしいと言っています。

社員の要望を吸い上げて風通しの良い職場に

子育て中の女性社員は、勤務時間を調整しながら、学校の行事に参加したり、子どもの体調不良で出社時間を遅らせたりしています。こうしたことは、遠慮することなく上司に申告するだけで叶います。子育て期間中は、子どもを大切にしながら働くことができるの

力する社員を見つけ、会社が彼らを集中的に支援していく体制整備が急務となる。

キャリアデザインマップの試案を作成してみた。

アレンジやカスタマイズし、自部門に相応しいキャリアデザインマップを自己責任で完成させるしかない。

を実施して、チャレンジ目標をすり合わせ、それを達成できるように支援するのが、部門長の仕事である。

とを部下に理解させることも、部門長の大事な仕事である。

■図表-18　キャリアデザインマップ

	事務職	
入社前		日 ▶
入社直後	事務マナー研修	安 Q J I 玉掛・クレ
20代前半	秘書検定１級 書道１級 日商簿記２級 日商PC検定 第一種衛生管理 他事業所体験	Q 寺子屋（工場長、品質、技術） フォークリフ 粉じん作業 アーク、ガス溶 技能検定１（電気、機械 金属、めっ
20代後半	係長研修 ビジネス実務法務 ダブルメジャー ＦＰ技能士 管理職研修	係長研修 自由研削とい 機械研削とい 動力プレス・シ 管理職研修 製図検定 ショベルロー
30代前半	税理士（法人税、所得税、消費税） 社会保険労務士	安全管理者選任 ロボット特 第一種衛生
30代後半以降	中小企業診断士 公認会計士	

【使用上の注意】
①働き方改革により、命令による夜勤や残業が減少するなら、自主的に仕事や自己啓発に注力し、成長し
②特に、結婚する前の伸び代のある社員が、人生をどのようにデザインするのかを具体的にイメージでき
③このマップは、単なる試案であり、部門長は、これをたたき台にして、内容を取捨選択したり加筆した
④自部門に相応しいキャリアデザインマップを使用し、そこに矢印や丸印を記入しながら部下や後輩との
⑤もちろん、資格などは、業務に活かせるものを優先させるべきであり、また、資格の取得自体が目的で

です。

子どもが親の手を離れると、その後はより仕事に重点を置きキャリアアップをめざしたくなるかもしれません。一般の会社では採用時に進むレールが決められ、例えばエリア採用の一般職として働くのか、全国転勤可能な総合職として働くのかといった選択を入社時に迫られ、一度そのレールに乗ってしまうと切り替えることは困難になります。

その点、当社の働き方選択制度は、毎年切り替えポイントを設けているので、自分自身の選択でライフステージに応じて働き方を自由に変化させることができるのです。

それに加え、当社はスキルアップの教育体制も確立しています。社員から要望があれば、技能検定や簿記検定、品質管理検定といった資格取得のための通信講座をサポートし、きちんと最後まで受講すれば、費用を全額会社が負担する他、検定の受検費用なども支給しています。

幹部社員は、パスワードを入力すれば人事システムへアクセスすることができ、自分の部下がどの働き方を希望しているか、社員旅行に参加しているか、過去に労災に遭っていないかなど、金銭に関する個人情報以外はすべて閲覧できるようになっています。繁忙期や突発的な仕事が発生した場合には、選択肢の①や②を選定した社員に残業対応などを依頼すればよく、また研修・訓練も、こういった社員に対して優先的に施せばいいわけです。

こうした働き方選択制度の他に、２００５（平成17）年に導入した「人事申告書制度」も運用しています。この制度は簡単に説明すると、配属を変えてほしい、昇格したい、もっと給与をアップしてほしいといった要望を会社へ伝えるものです。

毎年８月に、社員全員に人事申告書を提出してもらいますが、その半年後の翌年４月に、希望の67％を成就させることをめざしています。２０２２年度の成就率は、72％となる見込みです。

7．従業員持株会型ESOP《イソップ》が社員のモチベーションをアップ

社員の財産形成を支援するために、ESOPを導入

ゼロ金利時代が長期化し、政府主導で貯蓄から投資へシフトさせようとする流れが強まる中、銀行や証券会社からは投資信託など元本割れのリスクのある金融商品の勧誘を何度も受けました。

私は投機をしたくなかったので、会社としてはお断りして、私が個人として損しても仕方ないと割り切ってお付き合いをすることにしました。案の定、私が個人的に購入した金融商品はことごとく元本割れを起こしました。

そうした苦い経験からリスク商品には極めて慎重なスタンスを貫き、社員の退職金制度ではあらゆる金融機関から会社に運用リスクのない、確定拠出型年金制度の導入を提案されましたが、すべて断ってきました。当社は、社員が定められた金額の退職金を安心して受け取ることができる、確定給付型年金制度を維持しています。

２０１１年（平成23）年4月、サンエツ金属（現・ＣＫサンエツ）はシーケー金属の株式の過半数を取得して、同社を子会社化しました。同年10月にホールディングス化してＣＫサンエツグループとして形を整えていく中で、私はグループにとって最も大切なステークホルダー（利害関係者）である社員と、会社の成長果実を分かち合いたいと考えるようになりました。

そこで、信託銀行から提案を受けていたＥＳＯＰ（Employee Stock Ownership Plan：従業員による株式所有計画）を採用することにしました。これは社員の財産形成を支援する福利厚生の制度であり、社員が喜んでくれることを真っ先に考えた結果の行動でした。

ＥＳＯＰは、従来の従業員持株制度を発展させたもので、元祖アメリカ型のＥＳＯＰと日本型のＥＳＯＰがあります。アメリカ型は、会社が自社株を買い付け、退職金や年金として従業員に分配する仕組みです。

一方、日本型には「株式給付型」と「従業員持株会型」の二つがあり、前者はアメリカ型に似ていて、会社が拠出する金銭を原資に信託銀行が自社株を取得し、退職金の一部、その他インセンティブとして、従業員のうち受益要件を満たす人に自社株を給付する仕組みです。

当社が採用したのは、従業員持株会型のＥＳＯＰでした。信託期間中に会社の株価が上昇した場合、信託期間満了後に社員が持株会の持分に応じて分配金を受け取ることができる仕組みです。会社は信託銀行に金銭を信託し、信託銀行は株式市場より数年分の株式を購入し、そこから従業員持株会が毎月一定の株式を買い付けるという関係になります。

従業員持株会の株式取得金は、同会に加入している従業員の毎月の給与や賞与から天引きして集められ、その際会社は奨励金として一人ひとりの掛け金に10％上乗せ補助しています。

ＥＳＯＰでは、株価が上がれば恩恵を受け、万が一、株価が下がっても損失を被るリスクはないのです。しかも、自社の株価が将来どうなるかは、実際に働いている社員が最も敏感に肌で察知できると考え、本制度の導入を決定しました。

会社と社員が共存共栄するためのエネルギーに

２０１１（平成23）年12月の本制度導入時には、全社員が持株会に加入しました。ＥＳＯＰの導入により、当社の社員は①株式に対する配当、②株式購入時の奨励金10％、③株価の値上がり益だけでなく、④持株会での買い付け純増株数に応じた分配金——も得られるシステムになったのです。社員の中には、定期預金や投資信託よりも高い確率で資産が増えると期待した人が多かったようです。

第1回ESOPは約4年間に、1000円弱だった株価が1420円ほどに上がり、持株会の分配金は1億9800万円でした。2016（平成28）年5月に開始した第2回ESOPは、2021（令和3）年5月に終了し、分配金は約13億2200万円に達しました。社員1人当たりの分配金は平均150万円、掛け金に対しておよそ163％の利益を得たことになります。分配金の最高額は、1823万6570円でした。

社員一人ひとりの持株数が増えるにしたがって、自社の経営状態や財務状況をきちんと把握しようとする社員も増えました。中には、IR資料などに掲載されている情報をしっかり読み取ろうと簿記や会計の勉強を始めた社員もいます。

そのデータや数字は、社員たち自身の仕事ぶりが反映されたものです。そのため、少しでも業績に貢献したいという気持ちが自然と生まれてきます。自分たちの仕事での頑張りが株価に反映され、それが自分たちに利益をもたらしてくれるのです。福利厚生の充実を図るためのESOPは、仕事へのモチベーションを高める効果がありました。当社にとってESOPは今や、会社と社員が共存共栄するためのエネルギーとなっているのです。

持株会型ESOP《イソップ》で業績を伸ばせ

社員が損をしない夢のインセンティブ

貯金はしたいけど、給料を貰ったらあるだけ使ってしまう。自分は貯金ができないタイプだ。先の見えない経済状況では株やFXは怖くてできない。そんな人が地道に活用しているのが、会社のインセンティブプランです。

社員に自社株を買ってもらう持株会や、ストックオプションなどは多くの企業が実施しています。給料天引きで毎月拠出する持株会は、貯金のつもりで利用している人も多いようです。それでは、最近導入企業が増えている信託型の自社株保有制度、ESOP（Employee Stock Ownership Plan。読み方、イソップ）をご存知でしょうか。CKサンエツグループでは、2011年から既存の持株会に付加価値をつける形で導入し、すでに2回多くの社員が多額の分配金を手にしています。2022年12月には3回目がスタートしました。それでは、インセンティブプラン、持株会型ESOPの仕組みから簡単に説明していきましょう。

清水裕視

〔入社24年目〕日本伸銅　原料購買室長

松井大輔

〔入社18年目〕CKサンエツ　取締役　管理統括部長

松江康弘

〔入社15年目〕リケンCKJV　継手工場　副工場長

宮本和彦

〔入社20年目〕サンエツ金属　営業本部　大阪支店長

中井豊

〔入社15年目〕リケンCKJV　継手工場　鋳造課

大岡大祐

〔入社16年目〕リケンCKJV　継手工場　射出シール課　課長代理

CKサンエツのESOPの仕組みについて

松井大輔（以下、松井）　まず私から、当社のESOPについて説明させていただきます。

1．持株会に参加している社員は、毎月の給料や賞与から一定の金額を天引きで拠出し、持株会は自社株を毎月共同で購入します。CKサンエツでは掛け金の10％を奨励金として追加しているので、社員は自分が拠出した金額より10％多い数の株を毎月購入していることになります。年に2回株式配当がありますが、自動的に再投資されています。株式である以上、業績が悪ければ取得時よりも株価が下がる可能性もあります。ここまでは一般的な持株会と同じ仕組みです。

2．会社がESOP信託期間を設定します。ちなみに1回目のESOPは4年、2回目は5年でした。ESOP信託は銀行からの借入金を利用して、信託期間中に持株会が

集中力と理解力が抜群の松井さん。

3. 取得すると予想される数量の株をまとめて購入します。ESOP信託は毎月、持株会に株を時価で売却します。ESOP信託はこの売却代金と、保有している株式の配当金を借入金の返済に充てます。

4. 信託設定時より株価が上がると、持株会ですべての株を購入できず、信託期間満了後に信託に株が残ることになります。ESOP信託はこれを売却し、持株比率に応じて社員に分配します。

5. 信託設定時より株価が下がると、信託期間満了後に借入金が残ることになり、会社（CKサンエツ）が信託銀行に返済を行います。

つまり、持株会の仕組みに上乗せする形で一定の信託期間が設けられ、業績が良く株価が上がれば、信託期間満了後に株の売却代金が分配されるというオマケが付く仕組みなのです。ESOPを導入すること自体は社員のメ

すぐにお客様を自分のファンにしてしまう敏腕支店長の宮本さん。

リットになりこそすれ、リスクにはなりません。しかし、株価が下がると、会社が借入金返済のリスクを負います。それでも会社がわざわざ導入するほど、ESOPはおいしい制度なのでしょうか。それでは、ESOP制度をフル活用して高額の配当を受け取った社員から詳しい話を聞いてみてください。

ESOPが何かわからないまま多額の分配金を受け取った

司会（本書編集担当）　今回お集まりいただいたのは、ESOPで多額の分配金を手にした皆さんです。どのように拠出して、どれだけ貰えたのか詳しく教えてください。

宮本和彦（以下、宮本）　僕はESOPの知識がなくて、よくわからないまま持株会に入りました。19年前に入社したとき、福利厚生の説明で「持株会に参加したら投資額の10％を奨励金として渡す」と聞きました。自分では投資

非鉄原料業界で知らない者はいない清水さん。

なんてできないし、銀行にお金を寝かせておくくらいなら10％の利率で株を買うほうがいいいな、という気持ちでした。

司会 なるほど。持株会に入っていないと、ESOPの分配金も10％の奨励金も貰えないんですよね。

宮本 それで1回目のESOP期間のときも満期後の分配金のことより、持株会の10％の奨励金目当てで積み立てる気持ちで、月々のお給料とボーナス時に4万円ずつ、年間で56万円分を拠出しました。それでも持株会の10％の奨励金や通常の株の配当とは別に、ESOP満期後に40万円の分配金をいただきました。

司会 会社がESOPを導入していなかったら、絶対貰えない臨時収入ですよね。

宮本 その通りです。それで2回目のESOPが始まった後に、客先でたまたま社長と二人きりになる時間があって、ESOPの詳しい仕組みを説明してもらったんで

持ち前の人の良さで同僚から頼られる中井さん。

す。社員にリスクがないことや、会社の業績が上がって株価が高くなればなるほど、満期後の分配金が増えるかもしれないと教えてもらいました。

司会　では、2回目のESOPまで本当に何も知らなかったんですね。

宮本　はい。営業職なもので月例会に出られないこともあって、説明を聞きそびれていたのかもしれません。それで、「そんなにいい制度だったら」と思って、家に帰って妻に「3年間だけ目をつぶってくれ」とお願いして、毎月の持株会への拠出額を4万円から6万円に増やしました。それからボーナスからも50万円ずつ拠出するようにしたんです。ESOPの信託期間は5年だったんですが、3年目から増額した形です。

司会　それは冒険しましたね。

宮本　はい。生活の水準は変えなかったので、あれよあれよという間に貯金はなくなるし、次男は生まれるし、一瞬不

鋳造技術に優れ周囲から
信頼されている松江さん。

安になりました。結局5年間で総額800万円くらい拠出したんですが、信託満期後の分配金は税込みで1400万円弱になりました。税金を引かれたら手取り850万円になりましたけど、普通なら絶対に手にできない金額です。妻に渡したら「こんなに税金引かれるの？」ってビックリしていました。

無理のない金額で長期的に持株を増やす

司会　清水さんは1回目のESOPでも高額所得者だったようですね。

清水裕視（以下、清水）　ESOPの制度は、出資した社員は誰も損をしないし、株価の上昇によるメリットだけあるイメージでした。こんな低リスクの投資はないと思って持株会に拠出したら、1回目のESOPで分配金を1000万円貰って上位所得者に入ってしまいました。2回目は、東証プライムへのくら替えで株価も上昇していまし

どんなに困難なことでも前向きに取り組む大岡さん。

たから、分配金も多く出ることはわかっていました。ですが、掛け金を増やす人が多いだろうし、立場的に上位に入るのもどうかと思いました。そこで、本当は上限ギリギリまで投資をしたかったのですが、涙ながらに我慢して掛け金を据え置いたのです。それなのにまた上位に入ったのは、コツコツ買ってきた持株会の株の配当が再投資されていて、僕の分配比率が高くなってしまったからだと思います。

司会　2回目はいくら貰ったんですか。

清水　税引き後で660万円です。

松江康弘（以下、松江）　私は2008年入社の15年目です。1回目のESOPから毎年125万円を掛け続けています。毎月4000円、ボーナスからは60万円×2回というやり方です。この5年で624万円拠出して、税抜きで750万円貰いました。毎月の拠出額を増やさなくても、長く持株会で投資をしていれば株の配当が再投資されて持株が自動的に増え、ＥＳＯＰで有利に働きます。だから早くスタートして、無理なく続けるほうがよいと思います。

中井豊（以下、中井）　私は入社15年目です。ＥＳＯＰの1回目後半に増額をして、１００万円の分配金を貰いました。その後、毎月10％の奨励金に旨味を感じて、持株会に毎月10万円、ボーナス1回30万円、年間１８０万円を現在まで拠出しています。今回はみんなが増額していましたが、私はしませんでした。しかし、ふたを開けたら分配金が税抜きで９００万円になってしまい、来年の税金に日々怯えております。

大岡大祐（以下、大岡）　私は1回目のＥＳＯＰの最後の年だけ２００万円を注ぎ込んだんです。そうしたら、かなり生活が苦しくなりました。それで一度年間１００万円に引き下げて、また余裕が出てきたので１７０万円に上げました。

社員が会社の業績を意識するようになった

司会　話を聞くと素晴らしい制度のようですが、高額な分配金はずっと続くものでしょうか。

松井　普通の持株会のままだったら分配金はありません。ESOPを導入した後、株価が上がれば分配金が貰えますが、株価が下がってしまうと分配金が貰えないだけで、ESOPを導入することによるデメリットは社員には一切ありません。

司会　高額な分配金を貰えなくても損失にはならないのですね。しかし、会社にはどんなメリットがあるのでしょうか。

松井　持株会とESOPを通じて、自社の株価や会社の業績に社員の目が向くことが会社のメリットです。他社の株を買っても自分の力で業績を向上させることはできませんが、自分の力で会社の業績を向上させることができますので、仕事のモチベーションにもつながります。現在、社員の持株会の参加率は100%です。社員が株価を上げて分配金をもっと欲しいと思えば、業績を上げるように努力してくれるでしょう。ちなみに、1回目のESOPがスタートしたとき、株価は1000円弱でした。今は4000円台まで上がっています。そのため2回目のESOPの分配金が多かったのでしょう。ちなみに、当社では、分配金にかかる税金に関する確定申告の手続きを、会社の費用負担で税理士に依頼できるよう社員にサービスしています。

松江 私は継手工場の副工場長と鋳造課の課長を兼任しています。鋳造課は、工場の中でもお金を使う部署です。たくさん株を買ったことで、自分の部署で原価低減をすれば会社の利益が増えて株価が上がるだろう、という意識が芽生えました。

清水 僕は原料購買の責任者なのですが、サンエツ金属の場合は原材料費が原価の8割ぐらい占めます。1円でも安く買えるように日々努力しています。

宮本 営業の場合、相場変動もあるし、ロールマージンはある程度固定されていますから、少しでも多くきちんと実利が入る形で、工場の皆さんが喜んでくれる仕事を取りたいと思っています。

大岡 私も株価を意識するようになりました。工場で生産している側として材料の仕入価格を見ていますし、効率的に作れればその分利益につながると思います。

中井 私の仕事は、現場目線で不良を出さないことや、機械を故障とかで止めない、稼働率を上げるといったことで利益に還元できると考えています。

司会 今回は会社と社員の双方にメリットのある、夢のような制度を教えていただきました。ESOP3回目の結果が楽しみですね。ありがとうございました。

■図表-19　株価の推移

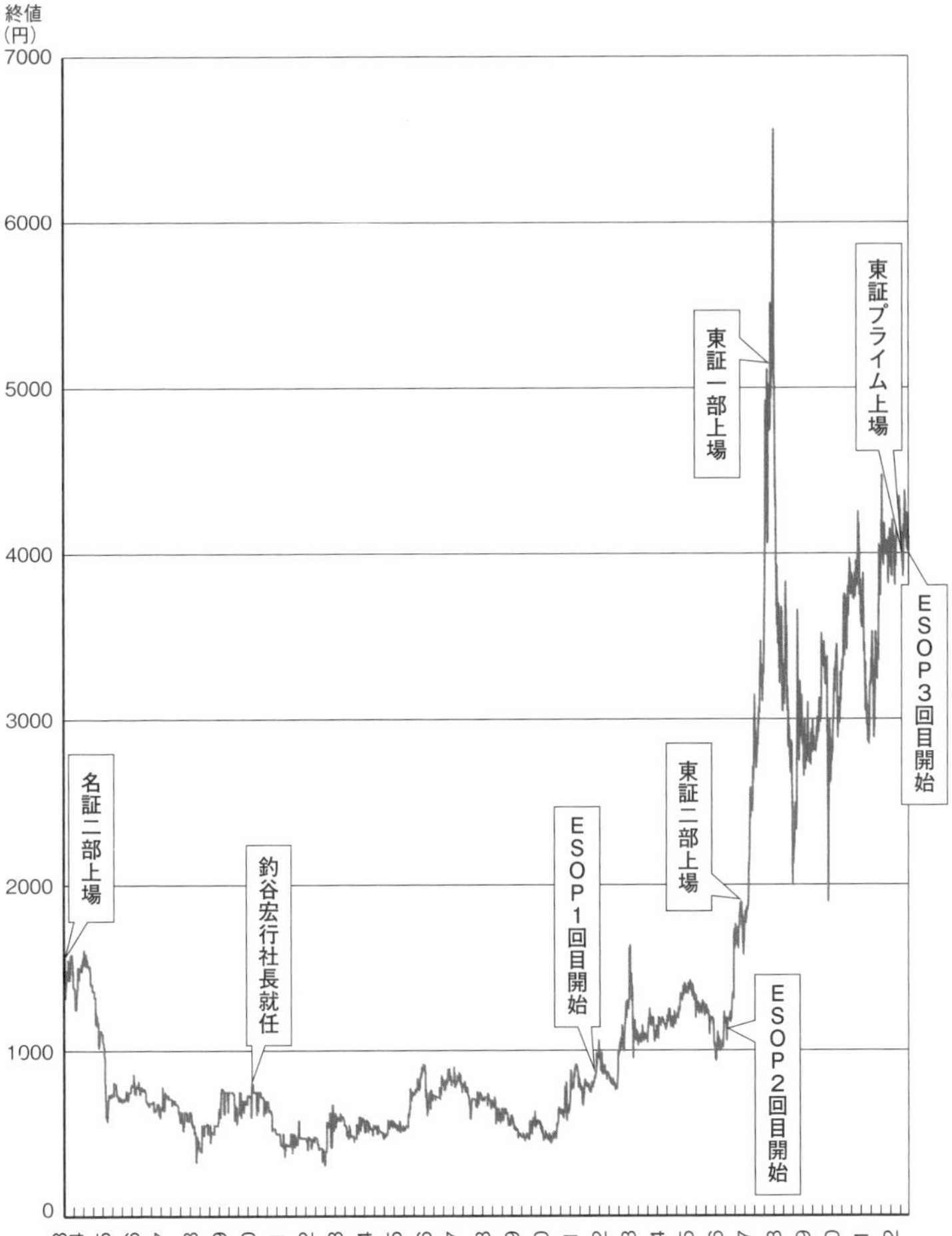

株式会社CKサンエツ（2011（平成23）年10月2日以前はサンエツ金属株式会社）の株価。
QUICKデータより。1994年3月25日以前の値については株式分割の影響を補正後。

社員の「困った」と「やる気」に応える人事申告制度

仕事や環境のミスマッチを解決する仕組み

新しい会社に入る前は、誰もが期待と不安が入り交じった気持ちになるものです。新卒で入社する人も中途で入社する人も、それは変わりません。「仕事が合わなかったら」、「人間関係が良くなかったら」など、心配の種は尽きないでしょう。無事に仕事が始まっても、数年たつと、「もっと責任のある仕事をしてみたい」、「資格を取ったので今とは違う職種に挑戦したい」など、さらなるステップアップをめざす人も出てきます。しかし、一般的には昇進や異動は会社主導で決まることが多いため、すぐにでも環境を変えたい場合、転職を考えるしかありません。

でも、CKサンエツグループには、職場の問題を会社に報告して解決してもらう方法がいくつもあります。また、他部署への異動やグループ会社への出向など、希望の配属先を申請することも可能です。配属先の申請については、毎年およそ7割が承認され、成就しない場合でも本人の希望を叶えるために課題が提示されて、それをクリアすることで道が拓けるといいます。別の部署で新しい仕事に就いたとしても、年齢や経歴に関係なく頑張った分だけ評価されるシステムなので、決して不利にはなりません。それでは実際に異動などを経験した社員の皆さんの話を聞いてみましょう。

西田雄治

〔入社14年目〕シーケー金属　めっき工場に配属され、入社1年半で技術部門、入社4年目に品質管理部門に異動。7年目にめっき事業本部に異動し、現在は営業部門　課長代理

碓井紗央里

〔入社11年目〕サンエツ金属　砺波工場　製販管理室。異動歴なし

山本雄司

〔入社9年目〕サンエツ金属　高岡工場加工課に配属され、2年目に品質管理室に異動。6年目に加工課に戻り、現在は同課係長

田越義史

〔入社3年目〕リケンCKJV　継手工場防食課に配属され、2年目に品質検査課に異動

和泉亨

〔入社12年目〕サンエツ金属　砺波工場　鋳造課に配属され、入社2年目に品質管理室に異動。9年目に日本伸銅に出向し、現在は品質管理室係長

吉澤敦

〔入社9年目〕サンエツ金属　高岡工場　加工課に配属され、1年足らずで品質管理室に異動。現在はめっき工場　品質管理室係長

平井拓磨

〔入社6年目〕サンエツ金属　高岡工場　押出課に配属され、5年目に砺波工場　品質管理室に異動

社員の「やりたい」に応え、評価する社風

司会（本書編集担当）　ＣＫサンエツグループでは、毎年「人事中告書」を提出して、転勤したいか、昇進したいかを社員が自己申告できるそうですね。ご自身で異動を希望した方はいますか。

西田雄治（以下、西田）　私は現在シーケー金属で営業を担当しています。以前は技術開発・品質管理の業務を担当していたのですが、そこでお客様と接する機会が多くなり、営業職に就きたいと思って自ら希望しました。

司会　技術職のキャリアがありながら営業に異動とは、普通の会社では考えられない人事ですよね。

西田　年齢に関係なく、会社が何でもやらせてくれるんです。異動する前は7年半にわたって技術開発関連の仕事をしていましたが、4年目にシンガポールの国際学会で上司がめっきの発表をすることになりました。そのときに社

お客様からひっぱりだこで
人たらしの西田さん。

長から「西田君も勉強のために行ってくれれば」と言われて、学会に同行させてもらったこともあります。

司会　未経験の職種で他の会社に転職したら給料が下がりそうですが、社内異動ならこれまで培ってきた技術関連の知識が活かせますよね。

西田　営業職に移りましたが、年功序列じゃないので頑張った分だけちゃんと評価されています。給料にも反映されて、同じ30代半ばの友人にも、親にさえも言えないくらい高額になりました。

山本雄司（以下、山本）　私はサンエツ金属の線工場加工課の係長です。元々加工課にいたのですが、2年ほどしてから品質管理室に異動しました。その後加工課に異動することになり、「人事申告書」で自ら昇進を希望して、加工課に係長として戻りました。

司会　元いた部署に役職付きで戻ることもできるんですね。

和泉亨（以下、和泉）　私は今、日本伸銅堺工場の品質管理室

何でもチャレンジ！
好奇心旺盛な和泉さん。

係長です。元々はサンエツ金属砺波工場で鋳造をしていましたが、2年目に「人事申告書」で品質管理室への異動願を出して、半年後に希望が叶いました。8年たって、グループ内の他の工場も見たいし、昇進して責任のある仕事がしたいと思い、もう一度人事申告書を書きまして、係長として日本伸銅に出向することになりました。

司会 自分の希望するタイミングで、転職せずにグループ会社で経験を積めるのはCKサンエツグループの強みですね。

和泉 あれをしたい、これをしたいと要望を出すと、方向性が間違ってなければ上司がすぐに承認してくれます。「やってみよう」精神が強くて、結果につながれば評価もされます。西田さんが言うように、お給料も同級生とは比較にならないくらい高いと思いますよ。

社員の意見を吸い上げて職場環境を改善

吉澤敦（以下、吉澤） 私も社内異動していますが、自分から

受注センターの元気印、
いつも前向きな碓井さん。

希望したわけではありません。入社当初はサンエツ金属高岡工場加工課に配属されたのですが、品質管理室から声がかかって異動しました。

司会　では、人事申告書を利用したことはないのでしょうか。

吉澤　ありますよ。人事申告書は、異動や昇進の希望だけじゃなくて、今働いている職場への不満や改善案などの意見を書くこともできるんです。昨年、私の勤めている部署で社員によって残業時間に偏りが出ていたので、「業務を分担したほうがいいし、無駄な作業に時間を取られている」と書いたら、それを見た事業所長と工場長が飛んできて、「こうしたほうがいい、ああしたほうがいい」とすぐに話し合って、いろいろと改善に向かいました。会社が社員の声を吸い上げて、すぐに行動に移してくれることを実感できました。

平井拓磨（以下、平井）　私は元々サンエツ金属の線工場の押出課におりまして、吉澤さんと同じように、工場長から

コミュニケーション能力が
抜群の吉澤さん。

品質管理室に興味はないか、と声をかけられ、今年砺波工場に異動したばかりです。

司会 職場で問題が発生した場合はどのように解決していますか。

平井 年に一度の人事申告書以外にも、会社では3カ月に一度人事評価があって、自分が頑張っていることや直していくことを申告しています。現場のライン作業だと上司と落ち着いて話をする機会がなかなかありません。そこで、人事評価後の上司との個人面談を希望して直接話をする機会をつくってもらい、課の問題点などを報告しています。

司会 なるほど。人事評価後の個人面談で直接上司に相談もできるのですね。

選択しない自由とアンケート調査

司会 転勤をしたくない場合はどうするのですか。そういう選

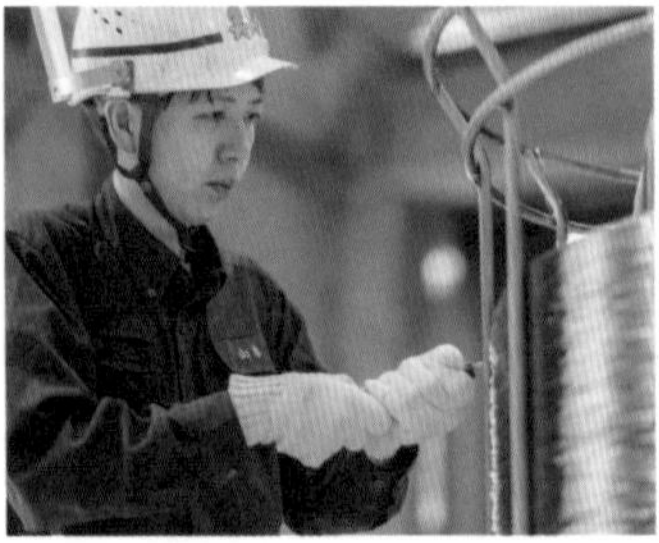
常に前向きで、笑顔を絶やさない山本さん。

択もできるのでしょうか。

雅井紗央里（以下、雅井）　転勤をしたくなければ、そのように書けばずっと同じ場所で働けます。私は入社以来ずっとサンエツ金属砺波工場の製販管理室におります。10年間、製販ひと筋です。

司会　異動を希望しなかったのはなぜですか。

雅井　居心地の良さでしょうか。長くやればやるだけ知識の量が増えてきて、不測の事態にも対応できるようになりましたし、部署内の仲もいいんです。

司会　これまで職場で改善されたところはありますか。

雅井　仕事内容はもちろんですが、働く環境をきちんと整えてくれました。以前工場のトイレがあまりきれいではなかったんですが、改善したいと要望したところ、会社の上司が「整備しましょう」と言ってくれました。しかも、社員にアンケートを取って、使いやすいトイレになったのです。社員の意見を尊重してくれていると感じ

物怖じしないで積極的に
行動する平井さん。

ました。

司会　同じ部署に長くいると、他部署の社員さんとの交流などはあまりないのでしょうか。

碓井　会社の食堂のメニューを改善する給食委員会があったり、コロナ前はハワイなどの海外、今は国内各地に全社を挙げて行きますので、普段関わりのない人たちとお話しする機会があります。電話で話すだけだった西田さんや吉澤さんとも、旅行で顔を合わせ、後に仕事がやりやすくなりました。部活やサークル、イベントもあるので、社員同士の交流は活発ですよ。

山本　海外旅行も会社が勝手に行き先を決めるのではなく、アンケートを取ってくれます。旅行代金の積み立てもなくて旅費は会社負担ですし、強制参加でないのもいいですよね。

全力で仕事に向き合い
向上心がある田越さん。

得意を伸ばす新人教育と配置転換

司会　それでは、入社3年目の田越さんにお聞きしましょう。すでに部署を異動されていると聞きましたが、ご自身の希望ですか。

田越義史（以下、田越）　いいえ、最初にリケンCKJVの防食課という職場に配属されたのですが、応援で品質検査課に行きまして、そのまま異動という形になりました。

司会　そういうこともあるんですね。お仕事の内容について教えてください。

田越　現在はリーチリフトを使って資材の運搬や梱包を担当しています。自分の作業が滞るとラインが止まってしまうので、やりがいを持って仕事をしています。まだまだ駆け出しの私ですが、上司が同じ目線で話してくれますし、やればやる分だけ評価をしてくれて、仕事も振ってくれます。自分が学生のときは、社会人になって上司がここまで親身になってくれるとは思っていませんでした。

司会 どうしてリケンＣＫＪＶに就職しようと思ったのですか。

田越 私は関東の大学で野球に熱中していて、実業団に入るつもりでいました。ところが怪我をしてしまって、今後のことを考えるために実家の富山に帰省しました。その時にこの会社のことを知ったのです。

司会 実際に入社してみてどうでしたか。

田越 私の場合、大学は文系でしたが技術職に採用されました。大学では部活に明け暮れて勉強をしていなかったせいか、書類作成のような事務作業ができず、一から会社で教えてもらいました。専門的な知識はないけれど、部活をしていたおかげで視野が広く、体を動かすことはできるので、現場では誰にも負けないと思って頑張っています。

司会 皆さん、ご自身の長所を活かしながら楽しく仕事をしている印象ですね。これからも新しいことにチャレンジしながら、スキルアップしていただきたいと思います。本日はありがとうございました。

努力と成果が反映される高額ボーナス

希望する働き方を尊重した人事評価システム

学校を卒業してから65歳まで働くと仮定した場合、就業期間は40年を超えます。これだけ長い期間を過ごすのですから、会社選びは非常に重要です。同じ時間を労働に費やすならば、正当に評価され、それが収入に結びつくほうが良いでしょう。また、一人ひとりの人生には、結婚、出産、介護など様々なステージがあり、これまでの働き方や業務内容を変えなければならないことがあります。その場合は高い給料が貰える会社であっても、退職を余儀なくされるかもしれません。

CKサンエツグループでは、ライフステージに合わせて社員が希望する働き方を選びながら、努力と成果が正しく評価され、収入に反映されるシステムを導入しています。2022年7月に発表された日本経済新聞社の夏のボーナス調査では、全国平均が85.3万円でしたが、CKサンエツは120万円で第19位にランキングされています。賞与は年2回ありますから、社員は働き方を選びながら、年間で平均240万円ものボーナスを受け取っていることになります。そんなにおいしい話が本当にあるのでしょうか。会社から高い評価を受けている社員の皆さんに聞いてみましょう。

吉田史雄

〔入社19年目〕オキノ工業
取締役　圧造工場長

清水友也

〔入社13年目〕リケンCKJV
住設・ステンレス部門　課長代理

宮崎雅士

〔入社12年目〕サンエツ金属
技術部門　開発課　係長

田中直登

〔入社10年目〕サンエツ金属
新日東工場　加工課　係長

原元城

〔入社8年目〕リケンCKJV
継手工場　模型課　係長

宮本晋伍

〔入社6年目〕サンエツ金属
プレシジョン工場　加工課

髙野有紗

〔入社4年目〕リケンCKJV
継手工場　品質検査課

髙田康平

〔入社4年目〕リケンCKJV
継手工場　品質管理室

年齢や経歴に関係ない評価システム

司会（本書編集担当） 社歴が長い吉田さんからお伺いします。以前に比べて賞与はかなり上がったのですか。

吉田史雄（以下、吉田） 私は2004年にシーケー金属で採用されましたが、当初は1回の平均賞与が50万円くらいでした。業績と共に大幅にアップしてすぐに100万円になりました。私の賞与が初めて平均額を超えたのは、2010年にサンエツ金属に転籍になったときですね。

司会 平均以上の賞与を支給された理由は何だと思いますか。

吉田 あくまでも推測ですが、与えられた仕事に対しては手を抜かないように心がけていまして、それを積み重ねた結果、会社に評価してもらったのかなと思っています。年齢や経歴に関係なく、仕事をやればやるほど評価される人事評価システムなので、やりがいを持って頑張ってきました。

不可能を可能にする頼れる敏腕工場長吉田さん。

清水友也（以下、清水）　私は新卒で入社したときから早く出世したいと思って働きまして、2年目には係長になりました。当時の平均賞与が100万円のところ、1年目の冬のボーナスにはそれに近い90万円もいただいたので、母は「お父さんには見せられない」と言っていました。

司会　新卒の入社1年目で90万円とは、本当に年功序列は関係ないんですね。他の皆さんも同じですか。

宮崎雅士（以下、宮崎）　私が新人のときには、清水さんほど高い賞与は貰えませんでしたけど、今は高い評価をいただいています。私の場合は手を抜かないことと、三現主義（現場、現物、現実を重視する考え方）を忘れずに、何か不具合が起きたら、自分の目で必ず確認に行っていました。そうすることで正確な対策が確実に打てるからです。これが会社の評価につながったと思っています。

田中直登（以下、田中）　私は今9年目で部署では若手のほうですので、「もっと頑張れよ」という意味も込めて評価

困っている人がいたら助けてあげる情に厚い清水さん。

と期待をいただいていると思っています。評価されているところは、改善に積極的に取り組んだことと、2020年に日立アロイの事業を譲受したときに実地研修に行き、技能伝承をしっかりできたところでしょうか。

司会　賞与は1年目から高かったのですか。

田中　1年目の冬のボーナスは「これっきり」という約束で同期の間で見せ合ったんですが、私は67万円くらいでいちばん低かったんですよ。

司会　それでも1年目としてはすごい金額ですし、今では高評価の社員となったわけですね。

原元城（以下、原）　私の場合は早い段階で高く評価されて、頑張れば多額の賞与が貰えるとわかりました。だから、会社に乗せられて働いていますね。自分にすごく合っているシステムだと思います。

新製品・新技術の開発といえば宮崎さん。

自信を持って紹介できる好待遇の会社

司会 宮本さんは中途採用で6年目ということですが、転職する前は同じ業界で働いていたのですか。

宮本晋伍（以下、宮本） 私は元々大学野球をしていまして、アメリカのマイナーリーグに短い間所属した後、日本の独立リーグの選手になりました。富山GRNサンダーバーズに入団したのがきっかけで富山に来て、26歳で野球を辞めました。その後、営業の仕事や工事現場の仕事をしていたのですが、知り合いの紹介でサンエツ金属に中途入社しました。

吉田 宮本さんは、会社の宝とでも言いますか、何事にもかなりのスピードで全力で頑張っていますし、嫌な顔を一つせず、自分で仕事を見つけてくれています。改善にもどんどん取り組んでくれて、会社全体が良くなっているところを非常に評価しています。

納得するまで妥協を許さず、
最後までやり遂げる田中さん。

宮本　入社前にいろんな仕事をしてきたんですが、初めて知り合いに紹介できる会社に入社できたと思いました。仕事も待遇も非常に良くて、妻も喜んでいます。

司会　現在入社4年目の若手の皆さんはどうですか。

髙田康平（以下、髙田）　私も1年目はそれほど貰っていませんでしたが、毎年異動するたびに賞与も上がっています。今は、品質管理の業務において少しずつではありますが、会社に貢献できているところが評価されたのかもしれません。

髙野有紗（以下、髙野）　私は2年目に継手を検査する現在の部署に異動しましたが、1年目に現場にいたときから、上司に「仕事をください」とお願いしたり、「あれをやりたい」、「これをやりたい」と言い続けたりして、いろんなところから仕事が貰えるようになりました。また、簡単な資料作成や通常の業務もできるだけ早く終わらせていました。その姿勢が他の人の目に留まり、上司の耳

周囲に対して冷静に意見が言える原さん。

に入って、評価につながったと考えています。資格もQC検定2級と機械保全2級を取り、今度は電気保全に挑戦するつもりです。

自分で選べる働き方と会社の評価とのバランス

司会 これまで会社の評価を不満に思ったことはありますか。上司によって評価にばらつきは出ないのでしょうか。

吉田 私はすでに評価する立場ですが、個人的な感情を一切除外して、頑張っている、頑張っていない、というところを評価対象にするよう心がけています。私自身、よく口論していた上司もいましたが、そのために評価が低いことはありませんでした。また、プライベートで仲が良い人がいたとしても、仕事とは完全に切り離しています。

清水 先ほど髙野さんの話がありましたが、若い社員でもやる気がある人は目立ちますし、頑張っていたり、改善案を出してくれる社員の話は上席者の耳に入るものです。人

何でも素早くさばく器用な宮本さん。

事評価では実績と頑張りを見ますので、誰が上司であっても同じ評価になると思います。私の上司も4〜5人代わりましたが、頑張ったのに評価されなかった、ということはありませんでした。

宮崎　新人でも優秀な人はメモをちゃんと取ったり、少しでもわからないことがあると聞きに来たりしますから、そういうところも見ていますよね。

司会　毎年働き方を選択できるアンケートを提出していますね。①仕事最優先、②仕事優先、③私生活優先、④私生活最優先ということですが、これは賞与や評価に関係してきますか。

ちなみに皆さんはどれを選んでいるのでしょうか。

宮本　吉田さんと田中さんが①の「仕事最優先」で、あとの6人は②の「仕事優先」ですね。

吉田　これはあくまで会社が何かをお願いするときに声をかけやすい人を識別するもので、会社と社員の互いの希望を

どんな仕事も断らず元気とやる気に満ち溢れた髙野さん。

マッチングさせるために使います。あくまで自己申告ですから、②を選びながら、自然に①のスイッチが入るときもあるでしょうし、逆の場合もあるでしょう。本当は③の「私生活優先」にしたいけど、とりあえず②にしておく人もいます。結婚、出産、家族の病気など、人生にはいろんなことが起きますから、家庭の事情で④の「私生活最優先」にしたい年もあるかもしれません。アンケートはあくまで希望であり、人事評価自体は実際に行った業務と成果に対して行われます。ですから、①を選んだから評価が高い、ということにはなりません。

司会　なるほど。社員が毎年働き方を選べて、与えられた仕事を頑張ることで正当な評価を得られれば、肉体的にも精神的にも無理をせずに安心して仕事ができますね。

清水　人事申告書では、転勤や昇進をしたい、したくない、という希望も出せますので、ライフステージに合わせた働き方が可能になります。転勤する場合も社員寮や社宅も

理解力があり正確に仕事を進める髙田さん。

ありますから、社員の負担は少ないですよ。

高額な賞与の使い道

司会 20代半ばのお二人にお伺いします。非常に業績の良い会社で平均以上の賞与を貰っているわけですが、使い道についてて教えてください。

高野 昔は全額旅行に使っていましたが、今は少し貯金したり、投資に回したりしています。今年は社員旅行で東京と神奈川に行きましたけど、プライベートですでに山梨、愛知、三重、長野に行きました。これから静岡と北海道に旅行する予定です。

司会 今年だけでそれだけ行くんですか。すごいですね。

高田 私はそんなに使った記憶はないんですが、車を買ったのと、洋服が好きなので結構高い服を買ってみました。最近は貯金に回しています。前回のESOPの締切直前に入社したので、次のESOPが始まったら、拠出額を検

サンエツ金属本社に隣接する社員寮。

シーケー金属本社に隣接する社員寮。

■図表-20　ボーナス支給額ランキング（2022年夏期支給分まで）

通番	ランキング（順位）	社名	支給額（円）	新聞掲載日
①	第28位	サンエツ金属	1,000,000	2006年12月13日
②	第７位	サンエツ金属	1,000,000	2010年12月12日
③	第12位	サンエツ金属	1,000,000	2011年 7月19日
④	第９位	CKサンエツ	1,000,000	2011年12月19日
⑤	第９位	CKサンエツ	1,000,000	2012年 7月17日
⑥	第６位	CKサンエツ	1,000,000	2012年12月16日
⑦	第10位	CKサンエツ	1,000,000	2013年 7月16日
⑧	第10位	CKサンエツ	1,000,000	2013年12月16日
⑨	第29位	CKサンエツ	1,000,000	2014年 7月14日
⑩	第19位	CKサンエツ	1,000,000	2014年12月22日
⑪	第36位	CKサンエツ	1,000,000	2015年 7月14日
⑫	第29位	CKサンエツ	1,000,000	2015年12月11日
⑬	第39位	CKサンエツ	1,000,000	2016年 7月14日
⑭	第30位	CKサンエツ	1,000,000	2016年12月13日
⑮	第45位	CKサンエツ	1,000,000	2017年 7月13日
⑯	第16位	CKサンエツ	1,100,000	2017年12月12日
⑰	第26位	CKサンエツ	1,100,000	2018年 7月12日
⑱	第26位	CKサンエツ	1,100,000	2018年12月11日
⑲	第32位	CKサンエツ	1,100,000	2019年 7月11日
⑳	第20位	CKサンエツ	1,100,000	2019年12月11日
㉑	第12位	CKサンエツ	1,200,000	2020年 7月 5日
㉒	第８位	CKサンエツ	1,200,000	2020年12月10日
㉓	第12位	CKサンエツ	1,200,000	2021年 7月16日
㉔	第15位	CKサンエツ	1,200,000	2021年12月20日
㉕	第19位	CKサンエツ	1,200,000	2022年 7月15日

日本経済新聞社の調査より

討しようかと思っています。

司会　日本全体は不景気ですが、賞与が高いからこそ大胆にお金が使えるのですね。これからもお仕事に邁進し、さらに高額の賞与をめざしてください。本日はありがとうございました。

終章

次の100年に向けて、「だらだらでもいいから成長し続ける」

1. これからも成長し続けないといけない理由

天に輝く〝一朶《いちだ》の白い雲〟をめざして

私はいつも、「だらだらと右肩上がりで成長していくのが理想だ」と話しており、企業業績が急上昇する必要はないと考えています。

経営コンサルタントの方々は業績が悪い会社に対して、V字回復させることにしか興味を抱かないかもしれませんが、当の経営者にとってはV字回復後にその状態を維持することのほうが大変なのです。株価についても同じ考えです。

では、なぜ「だらだらでもいいから成長すること」が大事になるのでしょうか——。

会社が成長するということは、言うまでもなく会社として強くなることであり、スケールメリットや分業・協業メリットを享受できるので、利益が増えて、納税額や雇用者数によって地域社会から認められることにもなります。業界におけるプレゼンスも向上するでしょう。

一方、成長しない会社とは、変化する経済環境に適応できていない会社ともいえます。

生物に例えると、成長過程は環境への適応を容易にするのであり、成長しながら環境の変化にフレキシブルに対応しているのです。

社員の待遇は、会社の成長が止まった瞬間にゼロサムゲームになってしまいます。ゼロサムゲームでは、誰かが得をすると他の誰かが損をします。こうした会社では、給与や賞与の総支給額は一定ないしそれ以下にならざるを得ないので、社内の誰かの報酬を増やすと、その分誰かの報酬を減らす必要があり、また誰かが新たに工場長や社長に就けば、現在の工場長や社長はそのポストを失うことになるのです。既得権益を失う者は、必ず抵抗勢力となり改革を阻もうとします。

会社はだらだらでも成長を続けることが大事

しかし、成長し続ける会社では給与や賞与の総支給額を増額できるので、誰かの年収を増やしても他の人の年収を減らす必要はなく、既得権益に触れる必要がありません。また、工場や子会社を新設することも可能になり、工場長や社長などの新たなポストが社員に回ってくる機会が生まれます。

さらには、社員に多少の不平や不満があっても時間がたてば解消されるであろうことが期待でき、共に困難を乗り越えようという勢いや団結心が生まれます。成長し前進を続けている会社は、成長が止まった会社に比べて実は事業の軌道修正も容易にできるのです。

例えば、船舶の舵は低速よりも高速で航行しているときこそ効くものです。停止した船は、向きを変えることすらできません。同様に、経営にスピード感のない会社は、軌道修正をするのに膨大な時間や労力を要します。

飛行機で言えば、上昇するときに機首を上げますが、下降するときにも機首を上げています。そうしないと失速して墜落してしまうのです。

同様に、会社も上昇局面にあるときも下降局面にあるときも、常に頭《こうべ》を上げた経営

■図表-21　経営の好循環

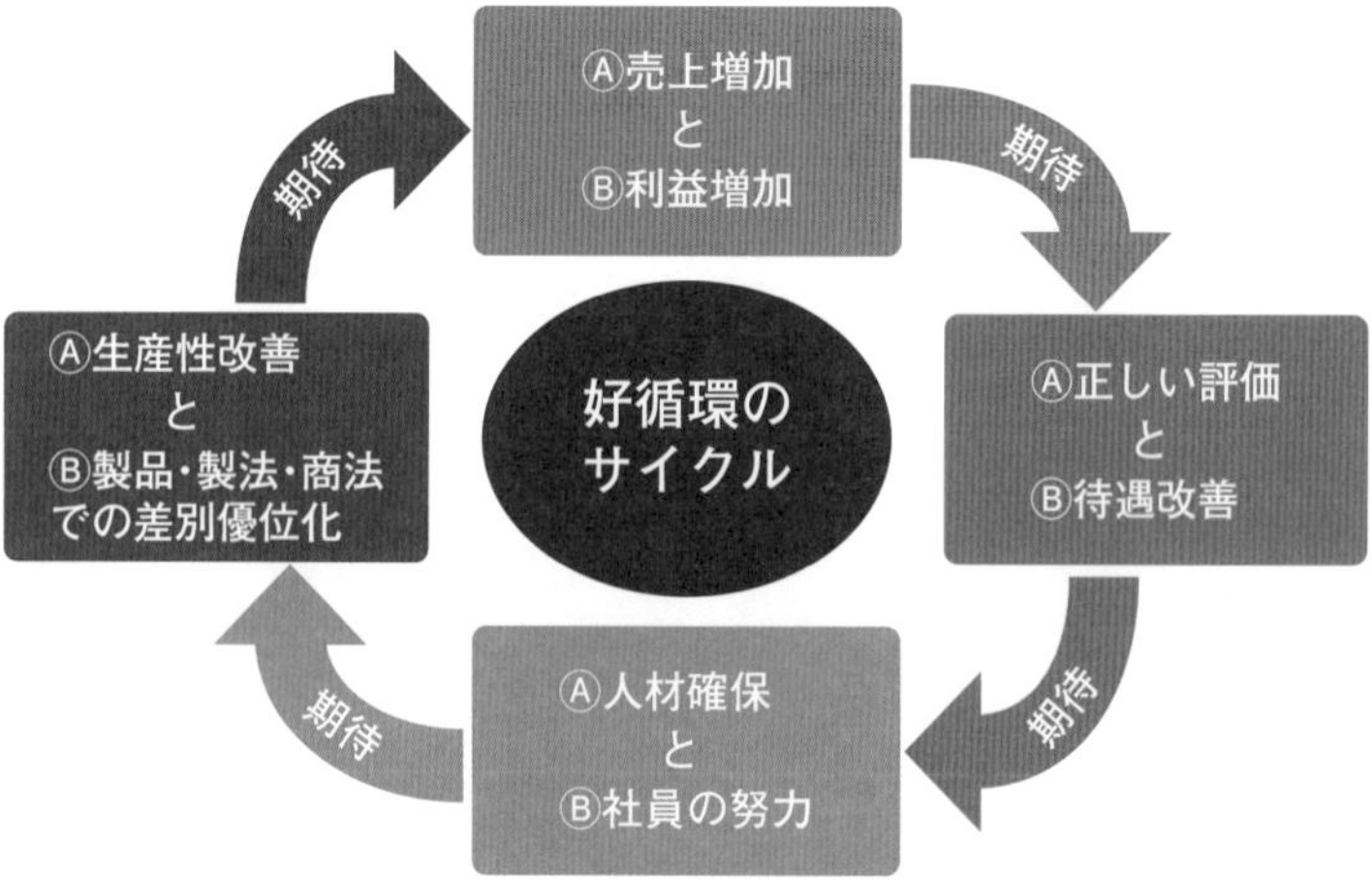

姿勢を保たなければなりません。頭を上げると、うつむいている体勢では目に入らなかった希望の虹が見えるようになります。

しかも、これは会社の経営を容易にすることなのです。未来の成長をめざして拡大均衡路線で会社を操縦していると、社員も期待を抱くようになり、それが自然と経営の好循環を生む力になるからです。

要するに、会社の成長は将来に対する期待を生み、社員の期待感が推進力となって会社の経営の好循環のサイクルをまわすことができるのです。

したがって、たとえ「だらだらでもいいから成長し続ける」ことに大きな意味がありま す。社員は成長する会社や組織に期待し、会社は社員の成長に期待します。互いに信頼し期待し合えるからこそ、一人ひとりが惜しみなく努力する共存共栄の関係が生まれるのです。

2. ストレスフリーな働き方へ —— 仕事の「ゲーム化コンテスト」

会社と社員が互いに期待し合える関係を強固に

こうした会社と社員が互いに信頼し、期待し合える関係を強固にするには、報酬などの待遇は最も大事なものです。

社員の中には「お金のために働いているわけじゃありません」と言う人がいますが、失礼ながら、それは少々怪しいと思っています。しかし、「お金のためだけに働いているわけじゃありません」と言うのなら信じますし、当社にはそういった社員が大勢います。私は、この違いは非常に大きいと感じています。

「経営の神様」と呼ばれる松下幸之助さんの伝記『私の生き方　考え方』（松下幸之助著、ＰＨＰ文庫）を読んで、私は「なるほど」と思ったことがありました。

これは有名な話ですが、松下電器産業（現パナソニック）は、１９３２（昭和7）年5月5日を創業記念日とし、この年を「命知元年」と定めています。「命知」とは「使命を知る」という意味です。

実際の創業は1918（大正7）年なのですが、1932年に事業の「真使命」を知ったという意味合いで新たに創業年と定めています。パナソニックのWebサイト「松下幸之助物語」（https://holdings.panasonic/jp/corporate/about/history/konosuke-matsushita/049.html）には、次のような話が掲載されています。

松下幸之助からヒントを得た、社員のモチベーションアップ要素

所主（松下幸之助）が知人の案内で、某宗教本部を訪れたのは、1932（昭和7）年3月のことであった。別に信仰する気などなかったものの、知人の熱心な勧めもあって、ある程度はその宗教に関心をもっていた。

来てみて、驚いた。建物の壮大さもさることながら、教祖殿の建築や製材所で働く信者たちの喜びに満ちた奉仕の姿に胸を打たれた。

所主は感銘を受けつつも、なお信仰の道に入る気にはなれず、知人と別れ、帰途についた。そして電車の中で、先刻見たことを考えた。

そのうちに、事業経営の在り方に思い至った。なるほど、宗教は悩んでいる人々を救い、安心を与え、人生に幸福をもたらす聖なる事業である。しかし、事業経営も、人間生活に必要な物資を生産する聖なる事業ではないか。こう悟ったとき、所主は目を開かれる

思いであった。

これは、松下幸之助さんが天理教の本部を訪ねた時の話です。お付き合いでちょっとだけ本部を見学するつもりが、結局、丸一日滞在することになったというわけです。松下さんが驚愕《きょうがく》したのは、そこにいる人たちが生き生きと働いていたことでした。職場環境は抜群に良く、ちり一つ落ちていない製材所で無心に働く人たちの姿を目にした時、「これまで自分がやってきたことは何だったんだろう？」と思ったということです。

それまでの松下さんは、社員は生活に必要なお金が欲しくて自分の言うことを聞き、働いていると思っていたようですが、働く目的にはお金以外のものもあることに気付いたわけです。

それどころか、天理教の信徒たちは無給で、しかも教団に寄進しながら働いていると聞いて、松下さんは本当に驚いたというのです。もちろん宗教であれば、信徒にとって自分が信じるものへの奉仕は当然であり、現世と来世での幸福を求めてのことなのかもしれません。

翻って、我がＣＫサンエツではこれまで「働きがい」という点においていろいろと尽力し、全社員を対象に待遇の改善を果たしてきたつもりです。また、社会的使命として、経営理念には、「良いものだけを安く早くたくさん生産することで社会に貢献します」と掲げています。でも、この話を読んで「もしかすると私の想像の及ばなかったところで、仕事のモチベーションを高められる要素があるかもしれない。それはおそらく待遇以外の要素であるはずだ」と思うようになりました。

仕事のゲーム化による疲労解消

では、労働時間を苦と思わず、無心に働けるファクターとは何か——。

いろいろと考えた挙句、思い至ったのがゲームでした。社員の中には、会社帰りにパチンコをしたり、会社の休日に競馬や競輪や競艇に出かけたりしている人がいます。若い社員には毎晩寝食を忘れて家庭用ゲーム機に熱中する人もいるわけです。

そこで私は、ゲームに人を夢中にさせる力があるならば、仕事にそのゲームの遊び感覚を持ち込んでみたらどうだろうかと思い、仕事そのもののゲーム化を考えついたのです。つまり、ゲームに夢中になり、時間も疲れも忘れてゲームをしていると、いつの間にか仕事の時間が終わり、気が付いたら給与が増えていたという仕掛けです。

これを具体化するにあたっては、私が思案するよりも社員自らが考えたほうが良いアイデアが生まれると思い、「費用は会社が全部持つから、自分たちでやりたいゲームをそれぞれ考えて制作し、社内コンテストの形で発表してください」と呼びかけました。

アイデアを具現化するためには、経費を使って社外のゲーム制作のプロやプログラマーに依頼してもよいことにしたのです。2022（令和4）年に開催した第1回ゲーム化コンテストには24チームがエントリーし、そのうち6チームが決勝へ進出しています。優勝チームには賞金30万円と金メダルを授与しました。

そうした中、ある女性社員が私に「社長が社員を褒めるときのポーズを動画に撮らせてください」と言うので、その注文通りにポーズをつくりました。その写真を使って完成したのは、事あるごとに上司から褒めてもらえるゲームでした。

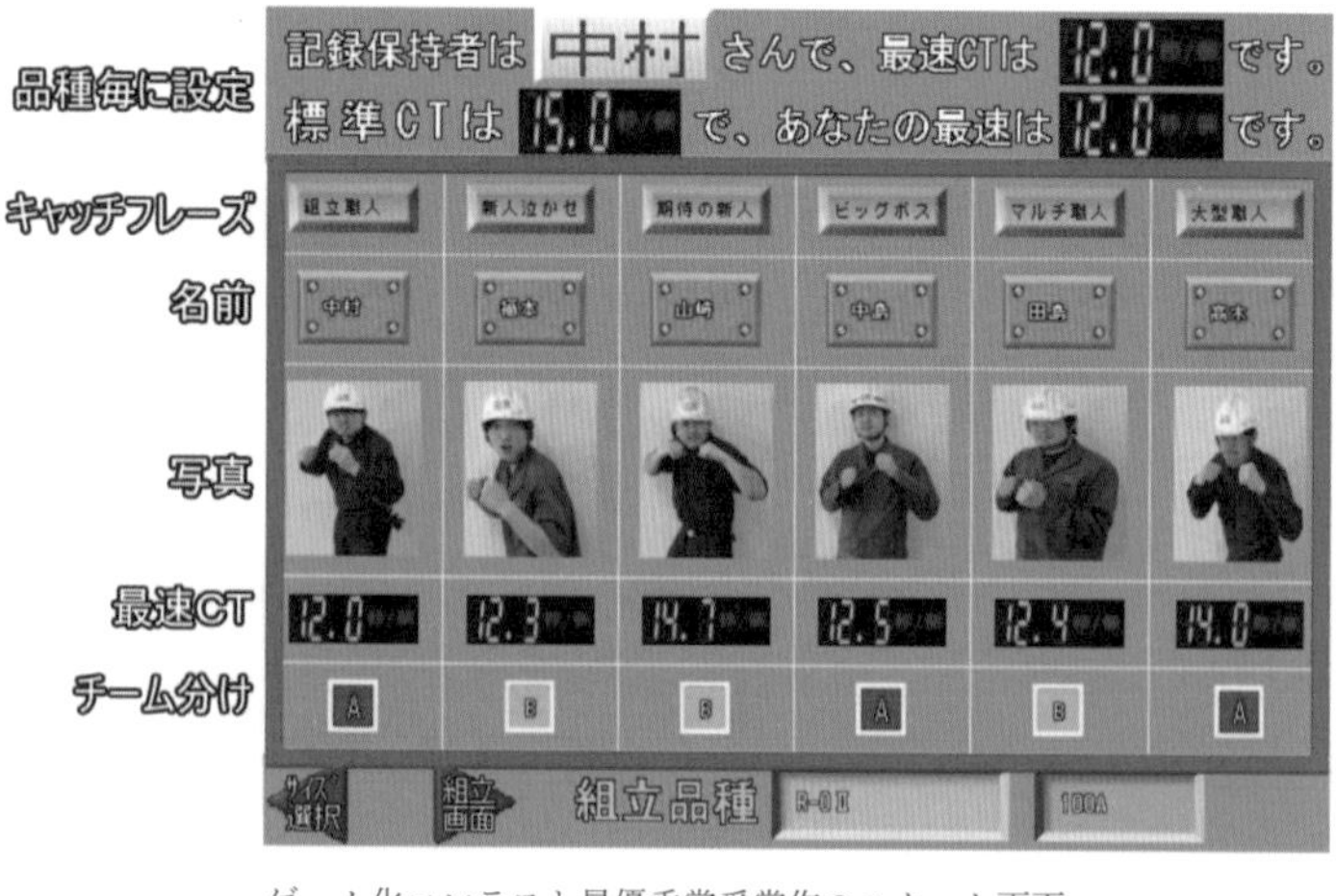

ゲーム化コンテスト最優秀賞受賞作のスタート画面。

まず、通常通りの仕事をしたら、課長が液晶ディスプレイに登場して「今日もよくやってくれた。ありがとう」と声をかけてくれます。次に、今まで以上に会社に貢献する仕事をしたら、工場長が現れて「君はすごい！」と褒めてもらえ、いよいよ過去にないほどの素晴らしい仕事を成し遂げると、社長である私が登場して「君は会社の宝だ！」と激賞してくれるという内容のゲームです。

このゲームは社内で話題になり、「よほど良い仕事をしたら、社長や、神様が出てくるみたいよ」などと社員の噂が飛び交うようになりました。レアな画面を出現させたい、見てみたいということで、仕事のモチベーションが上がる仕掛けです。複数のゲーム機をインターネットで接続し、同種の作業をしている社員同士で競うことも可能になりました。

その他にも、多様なアイデアのゲームがあります。野球好きの社員が作ったゲームは、仕事がうまくいくと進塁でき、仕事に失敗しアウトが増えるとゲームオーバーになるというものです。また、仕事の進捗状況と旅程をシンクロさせた、日本一周の旅をする双六《すごろく》ゲームもあり、もちろんそれは富山から旅立って富山に帰ってくるというものでした。

こうした仕事のゲーム化は、あくまでも仕事に対するモチベーションアップを目的とするものであって、必ずしも生産性を上げることを目的としていません。社員のストレスを少しでも減らすことができればそれで良いのであり、それ以上のことは求めないということです。

敢えて言うならば、会社で楽しく過ごすことができれば、休日にストレス解消のためにお金を払ってゲームをする必要もなくなるので、その分、身体と心の休息に充ててほしいという思いがあります。以上が、私の考えた仕事のゲーム化の全容です。私は、ゲーム化の発表会を「ゲームクリエーションコンテスト（Game Creation Contest）」と命名しました。発表方法については、各チームが、自作のゲームを5分間のビデオ動画で紹介することにしました。

そのビデオ動画を社員全員が大会議室に設置してあるマルチビジョンで視聴して採点することで順位を決めました。このゲーム化コンテストを実施してみて私が気付いたのは、次の3点でした。
①仕事には、ゲーム化が容易なものと困難なものがある。
②単純作業をゲーム化すると、仕事が面白くなり、集中力が増し、疲労感が軽減される効果がある。
③チームプレイが必要な職場において、共通目標を設定して全員で努力するゲームは職場の結束を強くする効果がある。
果たして、この先どんな展開を見せていくのか、私自身も楽しみにしています。

3．「これからの100年」の方針

今後100年の方針「CKサンエツは、どこへ行くのか」

前掲のWebサイト「松下幸之助物語」によると、松下幸之助さんは「命知元年」を新たな創業年として「建設時代10年、活動時代10年、社会への貢献時代5年」の合わせて25年間を1節とし、これを10節繰り返すという壮大な250年計画を提示したとのことでした。当社も環境変化の中でプロとして生き残っていくためには、次の100年に向けて方針を設定し、全社員とその方針を共有していく必要がありました。

左記は、創業100年を迎えた2020（令和2）年に制定した「CKサンエツは、どこへ行くのか」という経営方針です。

1．経営目的

（1）営利企業として、長期的利益を極大化する。

（2）環境が変化しても、本業（伸銅・精密・配管・めっき）と本業に隣接する領域でプロとして勝ち残る。

2．経営理念

（1）良いものだけを、安く、早く、たくさん生産することで、社会に貢献します。

（2）努力するに値するプロの仕事と、努力して働くほど報われる働きがいのある職場を提供することで、社会に貢献します。

（3）期待され、期待に応え、期待を超えるため、弛《たゆ》みない努力を重ねます。

3．どこへ行くのか

（1）社員にとって、世界でいちばん「働きがいのある会社」をめざす。

①社員が、働けば働くほど世のため人のためになる会社になる。

②社員にとって、働けば働くほど得をする会社になる。

③社員にとって、他のどの会社で働くより得をする会社になる。

（2）「会社本位」の経営を心がける。

①株主至上や顧客第一や社員ファーストに偏らず、バランスの良い経営をする。

②社員と取引先は、大株主かつ多株主となり、会社と共存共栄する。

③会社の法人格を尊重し、会社の立場で会社本位の経営をする。

（３）２０２５年３月期までの数値目標

①年商１０００億円
②純資産５００億円
③経常利益70億円
④１人当たり経常利益７００万円
⑤１人当たり年間賞与２５０万円

ホールディングスの後継者には〝いちばん舵取りが上手な人〟

このうち、「１．経営目的」は、私が会社の指揮を執り始めて以来の不動の目的であり、「２．経営理念」も同様です。

当社グループの将来にとって、一つ大事なことは、後継者の育成です。

現在、私はホールディングスの社長に加え、一部の事業子会社の社長も兼務しています。将来的には、事業会社では一旦会長の座に納まって、若手幹部たちに社長への道を拓き、私はホールディングスの社長業に専念するようにしていけたらと思います。

これはまだ私の勝手な空想ですが、将来ホールディングスの後継者には、事業会社の社長たちの中で〝いちばん舵取りが上手な人〟が就任することになればいいと思っています。誰か一人に目をかけて後継者として育てようとするのではなく、フェアプレーで競争した末に浮かび上がってくる優れた人材が務めるようになることを望んでいます。

私が元気なうちにやり終えないと混乱を招く可能性があるので、きちんと準備を進めたいと考えています。

4．凡人の自覚があったからこそ、会社は成長した

発言した以上は石にかじりついてもやり通す

私が一線を退いた後も、前述したように経営目標や経営理念、そして大まかな仕組みなどは刷新しなくていいのではないかと思っています。このまま行けば、当社というロケットは、自動的に第2段エンジンを噴射することができるのです。

次の時代の経営者に期待するのは、会社を必ず右肩上がりに成長させること。次によく働く人を大事にすること。そして、社員との約束を守ることです。

私は社員に向かって何でもポンポン言ってみる性分ですが、約束したことは石にかじりついてもやり通すようにしています。そうしなければ、社員に二度と信じてもらえなくなると思うからです。

しかし、中には実行できないこともありました。そんなときは、社員に向かって素直に詫びて訂正します。これはとても大事なことで、私ができないことを詫びて訂正すれば、社員は会社が適切にコントロールされていて、一部軌道修正したが、それ以外についてては

望みがつながっていると考えるものです。設定目標などについても達成できないと思ったものは、早めに判断して「これは訂正します」とはっきり伝えることが肝要です。

こういった話をすると、「そんな経営者は稀だ」と言われますが、確かに上層部で情報を遮断してしまう会社は少なくないのでしょう。その点では、M＆Aで当社グループになった会社の社員は皆、当初いささか戸惑っている様子でした。

私は、月次の業績もすべて社員に公開し共有しておきたいと思うのですが、これはインサイダー取引を誘発する可能性があるという理由から結構反対を受けました。そのため、私は社員に守秘義務契約書にサインしてもらい、「秘密情報を社外に漏らしたら、退職してもらうことになるからね」と釘を刺しています。

ワンマン社長と疑われ、会議で〝衆議独裁〟を実証

情報共有は、大企業病にならないための特効薬です。情報の垣根をなくし、速やかに会社の現状を知って貰うことで、社員一人ひとりの心構えが変わってきます。その効果もあって、当社は外部から「対応がとても速い」、「仕事が速い」と評されます。私からの情報伝達は、場合によっては取締役会を飛ばしてしまうこともあり、取締役には後ほどメールで知らせておくからと言って、先に現場へ知らせて判断させることもあります。

また、懸案事項については、おおよその方向性を月初と月中の2回に分けて皆に共有し、社員にはそのタイミングで意見を求めるようにしています。社内ではこれを「パブリック・コメント」と称し、意見募集の際には締切を設けておき、何も意見が出てこなければ先に進めるようにしています。このように、当社では社員には公平に情報を伝達し、なおかつ公平に意見を聞く体制をめざしてきました。

私は、「働きがいのある会社」とは「正直者が馬鹿を見ない会社」だと前述しましたが、ワンマン社長の下で社員が正直者であり続けることは難しく、社員は面従腹背となって働かざるを得なくなります。

私は外部の方からはワンマン社長というイメージを持たれているようですが、社内では情報の垣根を取り去り、パブリック・コメントを実践しているように、むしろワンマン経営とは対極の経営をめざしています。

社外役員で私がワンマン経営者ではないのかと疑っていた方があったので、「ぜひ経営会議にご出席ください」と傍聴してもらったことがあります。当社の経営会議は土曜日または日曜日の朝8時から夕方6時まで行うのですが、その間私は、出席者の報告に耳を傾け、出席者相互の意見交換を促し、要所で質問やコメントを挟むだけでほとんど話をしません。おそらく私の発言は、全出席者の発言の1割程度でしょう。

その様子を見た社外役員の方が、「ワンマン社長かと思っていたが、〝衆議独裁〟だったね」と言うので、「それは何でしょうか」と尋ねると、「みんなで議論を尽くして最後に社長が決断して責任を取る。そういう体制のことだ。それはそれでいいんじゃないか」と言われました。

自信がないからこそ、事あるごとに周囲に確認

案外、会社と社員が成長できた理由は、そんなところにあるかもしれません。つまり、社員は皆私に指示されて強制的に働いてきたのではなく、自ら主体的に会社を動かし事業を発展させてきたという自負があるのだと思います。

もちろん、すべてが部下自身の思い通りに進むわけはありません。しかし、自分の意見と異なったときでも、その都度議論し、納得して受け入れてきたことなので、社員は自身の部下にもきちんと説明することができ、前向きに仕事を進めていくことができたのではないでしょうか。

私は会議の際に部下が納得していない場合は、それは私の説明が悪いからだと考え、なるべく平易に話しかけるように心がけてきました。相手が理解できる言葉で伝え、価値観を共有し納得してもらえるように話をしてきました。また、部下からの話にもよく耳を傾

けるようにしてきました。互いに持論を交わし軌道修正をし、約束したことは守るというのが、私たち凡人にとって大切なことではないでしょうか。

そもそも私は、25年前にシーケー金属の社長になった時から自信が持てませんでした。自分自身のやるべきことはわかっていましたが、社員がついてきてくれるのか、とても心配でした。これを聞いて「何をいまさら？」と思われる方もいらっしゃるかもしれませんが、それが私の正直な気持ちであり、成長してきた会社の経営者ほどそうなのかもしれないと思っています。つまり、自分を見失っていなかったということです。

だからこそ、この25年間は周囲の人に「これでいいのかな?」と事あるごとに相談し、アドバイスを聞き入れながら一歩ずつ歩んできたという実感があります。

この世の体験談には2種類あるような気がします。一つは、天才的な能力の持ち主の武勇談で、もう一つは凡人の苦労話です。私は、後者のほうが好きでした。そこには、生きるためのヒントや成功するための工夫の数々を見つけることができたからです。

本書が、お読みいただいた方々にとって後者に該当したのなら幸いです。

証言　社員ファーストは本物か？ 女性社員が本音で語る CKサンエツの働きやすさ

Part Ⅰ．声を上げれば社長に届くというのは本当か？

CKサンエツグループが2017年から参加している「働きがいのある会社」ランキングでは、初年は中規模部門で41位だったものの、翌年の2018年からベスト10に入り、製造業のトップに躍り出ました。

その後、2021年には第3位、2022年には第2位になるなどその順位は右肩上がりですが、この数字は本当に社員の実感が伴うものなのでしょうか。そこで、社内改革を体験してきたベテランから改革後に入社した若手まで、グループ各社の女性社員に集まってもらい、率直な意見を聞いてみることにしました。

森千恵美

〔入社11年目〕サンエツ金属の経理課から社長秘書を経て、現在はシーケー金属　めっき事業本部製販管理課　係長。グループ会社社員と結婚した一児の母

山口美穂

〔入社18年目〕サンエツ金属の経理課からリケンCKJVに異動。現在は同社　継手工場　品質検査課。同期の社員と結婚した一児の母

河野早紀

〔入社7年目〕日本伸銅　管理統括部　総務課

小中里帆

〔入社4年目〕サンエツ金属　管理統括部。同期の社員と結婚した

川畑穂乃花

〔入社3年目〕シーケー金属　管理統括部。石川県出身

1. 満足度が高いのは声を上げれば届くから

機能的でかわいい事務服は私たちが考えた

司会（本書編集担当）　CKサンエツは、2022年の「働きがいのある会社」ランキングで2位になりました。2018年以降、常に上位に入っていますが実感はありますか。

森千恵美（以下、森）　会社が社員ファーストで動いているので、社員の満足度が高いんだと思います。例えば、事務服や作業服は社員の声が反映されたものなんですよ。「制服委員会」を立ち上げて、社員にアンケートを取って、実際に着る人が決めることになりました。会社からカタログをたくさん用意してもらい、「金額を考えずに好きなものを選んでいい」、「既製品の中に欲しいものが

素敵な笑顔で、周りを明るくする川畑さん。

なかったら作ればいい」と言ってもらえました。

川畑穂乃花（以下、川畑）　別の会社の友達が、「会社用に服を買うのはめんどくさい」と言っていましたから、制服はあったほうがありがたいです。今の制服はかなりのお気に入りですね。

森　そう言ってもらえてよかった！　ウォッシャブルでしわにならないから、クリーニングは要らないんですよ。子どもに汚されても、このまま洗濯機にポーンみたいな。

小中里帆（以下、小中）　ブラウスは、白、ピ

CKサンエツ

事務服のブラウス制定

100周年記念事業で

CKサンエツは9月1日から女性社員の事務服に合わせるブラウスを制定した。2020年の100周年に向けた記念事業の一環。

これまでは各自が選んだブラウスやカーディガンを着用していたが、デザインを合わせて統一感を持たせる。実際に着用する社員らが議論を重ねてデザインを選んだ。

着用するのはCKサンエツのほか同社傘下のサンエツ金属やシーケー金属、日本伸銅などの女子社員約40人。デザインを統一しつつ、袖丈や色合いでバリエーションを持たせている＝写真。今後は製造現場などで着用する作業着の刷新も進める予定。現在刷新に向け話し合いを進めている。

2017（平成29）年9月、事務職の制服を刷新した。

ンク、水色と3種類あって、袖の長さも長袖、七分袖、半袖があるので気温調節しやすいですよ。リボンも付け外しできるので、その日の気分で選べますよね。

山口美穂（以下、山口）　このブラウス、以前は支給されていなかったので自腹で買うのが大変でした。他の人と同じものを買わないように気を使うし。

森　そんなことで悩むのは時間がもったいないよね。あのとき、入社2年目くらいの若い社員が「何でブラウスは支給されないんですか」って聞いたんです。その打ち合わせに参加していた社長が「あ、ほんとだね。じゃあ、ブラウスも」とあっさり支給されることになりました。

河野早紀（以下、河野）　私は日本伸銅に入社して6年になりますけど、入社当時の事務服はチェック柄のベストにタイトスカートといった典型的な事務服だったので、私服で通勤してわざわざ制服に着替えてたんです。

森　私たちはこの制服で通勤しているよね。むしろ私服の

仕事もプライベートも
全力投球の河野さん。

人、見たことないかもしれない。それが当たり前になっているけど、ダサかったらできないことだもんね。

小中　タイトスカートだとしゃがみづらいけど、今の制服はマーメイドスカートなので、動くのが楽ちんでシルエットもきれいですしね。

河野　今の制服になってから、お客様からも「事務服かわいいね」ってすごく褒められるようになりました。

仕事終わりにどこでも行けるスタイリッシュな作業服

司会　工場の作業服もかっこいいデザインですね。とても作業服に見えません。

山口　以前はどこにでもあるような水色の作業服でしたが、創業100周年をきっかけに「作業服らしくない作業服」っていうコンセプトで一新されたんです。今はズボンが黒、ボタンダウンのシャツやTシャツはワインレッ

アイデアに溢れ新しいことに挑戦する山口さん。

ド、ジャケットがダークグリーンです。細身だけどストレッチが効いているので動きやすいし、ポロシャツもありますよ。素材も綿やポリエステルから選べるので、肌が弱い私は助かってます。

川畑 色は統一されているけど、いろんな着こなしの人がいますよね。ジャケットだけでも男性4種類、女性は2種類あります。男性用のズボンはスラックスとカーゴ、夏用ズボンの三つで、女性用も2種類から選べます。

司会 作業服も社員の意見で決まったんですか。

森 そうです。遠方の人の声を取りこぼさないように、全拠点の社員が参加した作業服委員会がつくられたんです。暑いところや寒いところ、いろんな職場で作業するすべての人の声を聞いて、これだけあればみんな困らないよね、という作業服になりました。めっき加工では亜鉛の銀色の汚れがつくし、配管機器では黒い汚れや油汚れもあるからと、どんな汚れがついても目立ちにくい色にしました。

山口　胸ポケットのふたに名前が刺繍されているんですが、ポケット内に隠すことができるので、スーパーでもコンビニでもどこでも行けます。普通の私服を着た人をうちの社員と見間違えたことがあるから、「作業服らしくない」というコンセプトは成功してますね。

河野　昔の日本伸銅の作業服は、何と薄緑色でして。まさに作業服！　といった見た目でしたので、仕事終わりにどこにも行けないですよね。新しいデザインに変わって、社員の皆さんは本当に喜んでいます。

制服は年2回定期支給
追加購入も会社が9割負担

司会　制服は本当に種類が多いですね。事務服のブラウス一つを取っても、袖の長さと色の組み合わせで9種類もあります。社員は好きなものを自分で買うのですか。

愛嬌抜群で、世渡り上手な
新婚の小中さん。

森 事務服の場合ですと、ジャケットは3年に1度、ベストとスカートは毎年1着ずつ、ブラウスは毎年2着ずつ、会社負担で定期支給されます。違う色のブラウスが着たいとか、サイズが変わったとかで自分で買い足すときも、会社が9割負担してくれます。子どもに汚されても安心。

川畑 事務服だと1割負担で600円くらいですね。私は入社3年目ですけど、定期支給で十分間に合っているので、一度も買い足したことはありません。

山口 作業服も年に2回、全額会社負担で支給されます。枚数は決まっていますが上下好きなものを選べるし、自分で買う場合も半袖のTシャツは1割負担で190円だからどこで買うより安いですね。

安全面を考慮しながら現場の声を取り入れる

司会 工場とは思えないデニム生地の帽子をかぶった女性がいましたね。

山口　私が所属している品質検査課では、以前は女性もヘルメット着用だったのですが、一日中かぶっていると重いし、頭が痛くなるという声があって帽子に替わったんです。全員にアンケートを取って、カタログを見て貰って、みんなで試着して、デニムのキャスケットに決めました。

司会　ヘルメットなしで大丈夫なのでしょうか。

山口　危なかったら意味はないので、工場内に「ここを歩いてね」というルートが決まっていて、安全を確保するように管理されています。帽子で通れる場所はそこだけです。

川畑　工場と言えば、私の弟が今年シーケー金属に入社したんです。先輩との世間話で「工場、暑いっすよね」と言ったら、その日のうちに係長さんが空調服を持ってきてくれたようです。

山口　空調服はジャケットに電動のファンが付いていて、衣服の中の空気を循環させて涼しくなる仕組みです。私の夫はサンエツ金属で働いているんですけど、体感温度が全

空調服には電動ファンが付いている。

森　然違う、夏場に快適に作業ができると言ってました。新入社員のひと言を「暑いから仕方ない」、「製造業なんだし」、で片づけないで、先輩社員が何とかしようとしたんでしょうね。上司も係長もちゃんと意見を聞いてくれるのが、うちの会社のいいところですね。

小中　新入社員なのに「暑い」と言えることって、よく考えるとすごくありがたい環境ですよね。

2. 社員に快適な環境を積極的に整える

大浴場や洗濯機、乾燥室を完備

司会　会社の中で「これはいいな」と思うシステムはありますか。

川畑　食堂に大きな冷蔵庫があって、夏場は1日1本、好きなジュースや水を取っていいんです。大きなカゴに入った

森　塩飴も取り放題ですよ。

山口　会社なりの熱中症対策なのかな。

森　工場では井戸水を利用した井水式クーラーが導入されていて、省エネがすごいです。1個あるだけですごく涼しいですね。

全館空調にしてしまうと、すごくお金がかかる。でも人がいるところを仕切って、必要な所だけ涼しくするように工夫して無駄がないから、ジュースや制服の支給に回すお金があるんでしょうね。

司会　そういえば、更衣室に洗濯機があると聞きました。

森　前から洗濯機はあったんですが、干すスペースが足りないので、最近乾燥室ができました。

山口　会社で洗って乾燥までできるのはありがたいよね。夫と自分の作業服は普通の洗濯物と分けて洗っていたので、家に洗濯機が2台あるんですよ。

森　うちもです。今だったら2台も買わない。

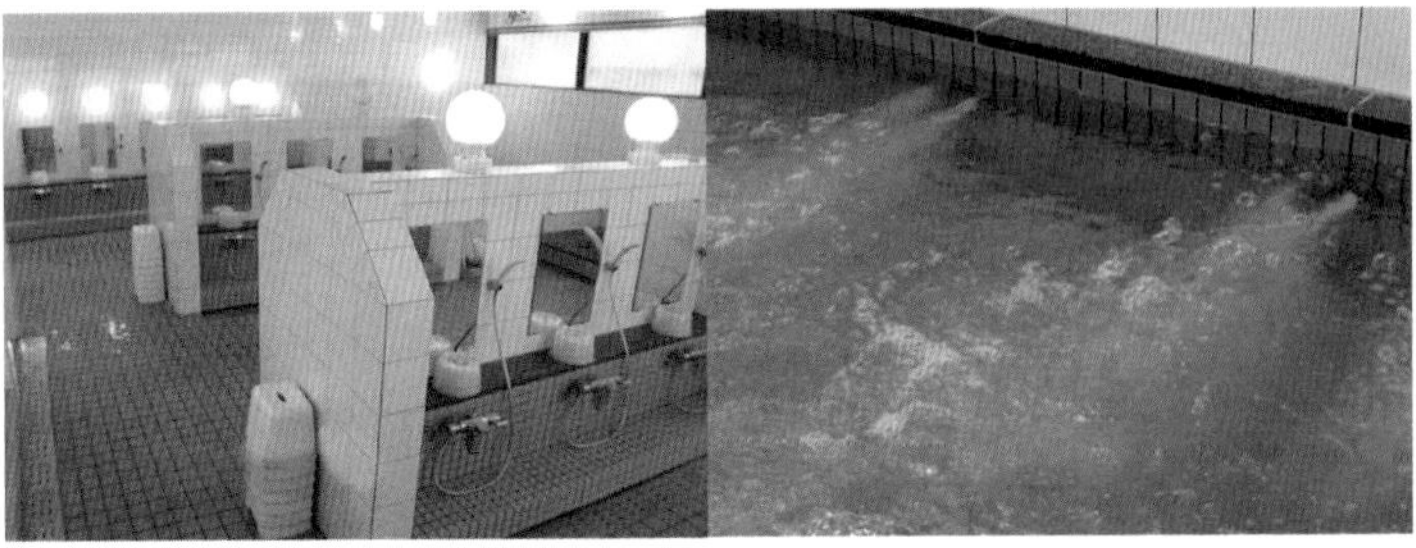

社内にある大浴場。

山口　会社には大浴場があるから、お風呂に入っている間に洗濯して、干して帰れば家でやることは何もありません。洗剤だけは好みがあるので、自分で持ってくることになってます。

工場から食堂までキックボードで移動、支払いはキャッシュレス

司会　厚生棟の食堂でお昼をごちそうになりましたが、皆さんお財布を持ってなかったですね。どうやって支払いをするんですか。

森　自販機や食堂の支払いはキャッシュレスになっていて、社員カードで精算すれば月に一度お給料から天引きされます。精算のレジ待ちがないのは助かりますよ。食堂では日替わりのランチプレートや麺類、カレーなどが提供されています。ランチプレートは322円、麺類は196円、カレーは231円ととても安いです。あと、福利

社の内外を問わず大人気の森さん。

厚生としてお味噌汁が提供されていて、お弁当持参の人でも1人1杯無料なんです。メニューの価格が細かいのは、会社が値上げを抑える交渉をして、社員の負担する金額を最小限にしてくれているからです。1円でも安くしようとしてくれるのはありがたい話です。

司会　福利厚生にお味噌汁とは、かなり斬新ですね。

山口　お味噌汁は大事ですよ。あと、社員の声を反映して、日替わりのトッピング（おかず）の種類も増えました。ハンバーグや唐揚げ串、チキンカツみたいなおかずが何と56円。ふりかけやお漬物も無料で用意されています。

小中　カップラーメンやパンの自販機もあるし、飲み物の自販機も市販より30円くらい安いですね。自社ブランドの水があって、500mℓのボトルが何と50円です。

司会　会社ではお金はかかりませんね。そういえば、食堂まで電動キックボードで来ている人がいましたけど、どこから来ているんですか。

社員食堂。

カフェテリア方式でメニューを選ぶことができ、好きなものをトッピングできる。

山口　新しい工場や製品倉庫ができたりして毎年敷地が大きくなっているので、食堂まで行こうとすると数分はかかるんです。休憩時間を有効に使ってほしいとのことで、厚生棟から遠い部署を対象に、一流メーカーの電動キックボードが1人1台無料で提供されています。

司会　いきなり電動キックボードとはすごいですね。どなたの発案ですか。

森　社長が3年前に経営会議で「やろう」と言ったのですが、当時は「そんなもん、要らん」って誰も乗ってこなかったようです。昨年の会議では、海外で実物を見たことのある社外役員が「海外では電動キックボードだよね」と後押ししてくれて、やっとOKになったみたいですね。構想から3年、この地域では初めての試みです。

司会　自転車でもよさそうですが、電動キックボードの安全性はどうなんでしょう。

川畑　自転車は小さいようで結構かさばるし、場所を取るんで

電動キックボード置場。

色のラインが
動キックボードの走行路。

キックボード
走行中

す。そこらへんに横に倒して停めてしまうとかマナーの問題もありました。そこで電動キックボードに名前を貼って1人1台提供したら、意外にもみんな大事に使ってくれます。

山口 利用者には乗り方講習に参加してもらいます。移動のときは安全な青ラインの通路が決まっていて、そこを走ることになっています。乗ってみると楽しいですよ。

従業員を守るスピーディーなコロナ対応

司会 2020年以降はまさにコロナ禍で、誰も経験したことのない危機に直面しました。多くの会社が対応に苦慮する中、CKサンエツが「働きがいのある会社」ランキングで順位を上げてきたのはなぜでしょう。

森 コロナ対策のスピードがとにかく速かったと思います。全国的にマスクが品薄だった時期でも切らしたことがなくて、1人1枚、毎日無料で配布されましたし、今でも

川畑　そうです。マスクの紐で耳が痛いという声があったときも、すぐに柔らかいものを用意してくれました。

不足している会社があっても、グループの別会社から補えたんですよね。ワクチンの職域接種もおそらく富山県で最初だったと思います。先駆けとして新聞に載りましたから。

森　2021年の7月3日と4日が1回目の職域接種で、全社員対象で実施しました。工場が動いていない休日に一気にやろうということで、健康診断をお願いしている病院に社長が何度も頼みに行って、社員の親戚とか知り合いでお医者さんや看護師さんがいたら呼び掛けてもらって、やっと実現にこぎつけたそうです。

川畑　日本全国のグループ会社や支店、工場の社員のみんなに富山の接種会場まで来てもらったのですが、新幹線やバス、飛行機を手配して、弁当から宿泊代まで会社が全額負担しました。全員に日当とみなし残業手当もつけてく

河野　れたので、1回目の接種率は95％くらいまでいきました。

司会　私も貸し切りバスで富山まで行きました。豪華弁当に加え、おやつまでいただいて、至れり尽くせりでした。

森　約1000人分ですよね。それを4回やったんですか。

司会　そうです。不安になる前にマスクやワクチンを用意してくれて、その動きを前もって伝えてくれたので社員は安心して働けたし、不満はほとんどなかったと思います。

社長が直接社員と触れ合う月例会と懇談会

司会　お話を伺っていると、社長と社員の距離がとても近い気がしますね。

森　月に一度、各拠点に社長が出向いて会社の状況を説明する「月例会」というのがあります。その後、社員の代表と社長が出席する懇談会というのが開かれるので、そこで社長と直接話ができます。実際、懇談会で「女子トイレが汚い」という意見が出て、社員の声を取り入れてト

休憩室。

本社受付カウンター。　上：シーケー金属、下：サンエツ金属。

イレが新しくなりました。

小中　「トイレは企業の状態を表す」と就活のときに耳にしたことがあるくらいなので大事な場所ですよね。サンエツ金属のトイレも間接照明のおしゃれな空間になりました。

山口　シーケー金属の工場におしゃれな休憩室があるんです。デザイナーさんを入れて、「工場なのかな?」という雰囲気のガラス張りのカフェみたいになったんですけど、これは社長の案だそうです。別に喫煙室も設置されていて、きっちり分煙されているのも配慮があっていいなと思います。

森　事務のほうも受付カウンターと事務デスクが新しくなったんですが、既製品の事務デスクを購入するのではなく、オリジナルの一枚もののベージュピンクのデスクにしてくれたり、可動式のデスクワゴンを採用したり、実際に使う人たちの意見をちゃんと聞いてくれてますね。

川畑　他にも匿名での投書が可能な「意見箱」も設置されてい

て、「ボーナスの計算方法を教えて」なんて質問が入っていたりします。

人に勧めたくなる信頼の会社

司会　先ほど、川畑さんの弟さんが入社したという話がありましたが、会社がよほど良くないと身内には勧めませんよね。

川畑　きょうだいで働いている人は多いですよ。弟の場合は先に私が働いていたので、母が「いい会社だから受けてみなさい」と言ったみたいです。さらには、弟が大学の後輩に会社の話をしたら興味を持ってくれて、何と2023年入社してくれることになりました。

森　ほんとに？　よほど会社が気に入ったんだね。そういえば、奥さんが先に働いていて、その働きがいや待遇を見て、旦那さんが中途で入ってくるケースもありましたね。あと私もそうですけど、社内結婚が多い気がします。

■図表-22 「日本における『働きがいのある会社』」ベストカンパニー

2

CKサンエツ

施策名

私たちの働き方選択

取り組みポイント　感謝する

①社員一人当たりの賞与は、年２４０万円に固定しました。②毎年の社員旅行（昨年はコロナで中止）は、全額会社負担（お小遣いも支給）とし、隔年で海外へ行きます。③夜間の交替勤務を解消するため、「夜勤レス」に取り組みました。④社員の財産形成を支援するため、社員株主優待制度を講じています。⑤仲間づくりのため、社員寮１２２室を新設し談話室等の交流スペースを設けました。⑥有給休暇取得率は、全員75%以上です。

GPTW HP掲載より転載。

Best Workplaces
Great Place To Work.
JAPAN 2022

「働きがいのある」会社ランキング（GPTWの発表による）

西暦	（和暦）	ランキング（順位）	備考
2022	（令和４年）	第８位	アジア地域（大企業部門500名以上）
2022	（令和４年）	第３位	若手ランキング（中規模部門）
2022	（令和４年）	第２位	中規模部門
2021	（令和３年）	第13位	アジア地域（大企業部門500名以上）
2021	（令和３年）	第３位	若手ランキング（中規模部門）
2021	（令和３年）	第３位	中規模部門
2020	（令和２年）	第５位	若手ランキング（中規模部門）
2020	（令和２年）	第24位	アジア地域（大企業部門500名以上）
2020	（令和２年）	第７位	中規模部門
2019	（平成31年）	第７位	中規模部門
2018	（平成30年）	第５位	中規模部門
2017	（平成29年）	第41位	中規模部門

山口　東証プライム上場企業で信頼性が高い上に、創業１００年以上の企業だから、この会社でいい人を探そうと思うのかもね。

森　給与や賞与はもちろん、社長自身が利益を社員に還元しないといけない、この会社で働くことがいちばん得するようにしたいという考えだから、すごく社員の声を大事にしていると思う。その結果として、仕事に集中できる職場環境や待遇につながっているんでしょうね。

司会　ありがとうございます。皆さんが本当に会社に満足しているのがわかりました。

証言　社員ファーストは本物か？ 女性社員が本音で語る CKサンエツの働きやすさ

PartⅡ．誰にとっても働きやすいというのは本当か？

CKサンエツグループでは、男性も女性も同じ待遇なので、女性社員にとっては、他社と比べてはるかに高額の給与と賞与が支給されています。一方、育児や介護などで負担の大きい時期には、働き方アンケートで「私生活優先」を申告すれば、家庭と仕事を上手に両立できるといいます。また、たくさんの資格・教養講座が提供されており、全額会社負担で資格取得やスキルアップができると好評です。

それでは、仕事とプライベートを充実させている女性社員に集まっていただき、どのように会社の制度を利用すれば柔軟な働き方ができるのか、詳しく聞いてみることにしましょう。

正力由香

〔入社18年目〕シーケー金属　管理統括部。ひとり親で二児の母

酌井友香子

〔入社10年目〕サンエツ金属　プレシジョン工場　品質管理室とオキノ工業出荷係を兼務

三松美穂

〔入社2年目〕サンエツ金属　砺波工場 製販管理室

松井珠里

〔入社7年目〕大阪出身。日本伸銅大阪黄銅カンパニーから結婚を機に日本伸銅　営業本部　東京支店に異動

北川いずみ

〔入社4年目〕サンエツ金属　管理統括部

1．働き方を選べて好待遇 こんな会社は他になかった

入社4年目で娘の年収が父を超えた

司会（本書編集担当） CKサンエツのグループ企業は賞与が平均120万円だと聞きましたが、この厳しい時代にすごい金額だなと正直驚きました。

正力由香（以下、正力） いえいえ、120万円というのは1回の金額ですので、賞与は年2回ですから年間で平均240万円に固定されています。ちなみに、冬期賞与から125万円に引き上げられますので、年間で平均250万円になります。また、2023年の4月から、大学院卒の新入社員は初任給が25万円、大学卒業の場合24万円になりますが、これも各種手当を含まない基本給だけの金額です。

明るく朗らかで芯が強いしっかり者の三松さん。

三松美穂（以下、三松）　技術職でも事務職でもお給料と賞与が同額で、男女の差がないところがすごいですよね。私は新卒で入社2年目なんですが、求人票を見てもCKサンエツほどお給料が高い会社はありませんでした。金額が高過ぎて友達にはちょっと言えません。

北川いずみ（以下、北川）　他の会社で事務職に就いた友人は、20万円も貰ってないって聞きました。

酌井友香子（以下、酌井）　私は新卒入社で10年目なんですが、この会社を選んだ決め手はお給料が高かったことです。私、入社3～4年目で父の年収を超えてしまって、母に年収を伝えたら「それ、お父さんには言っちゃダメよ」って言われました。

正力　富山は車がないと生きていけない県だけど、工場の駐車場を見ると高級車ばっかりだよね。みんなお金を車に回す余裕があるみたい。

北川　私は入社4年目ですが、先日新車を購入しました。お札

仕事にもプライベートにも
夢中で打ち込める酌井さん。

の束を持ってディーラーに行って一括で買ったんですが、金融機関に勤務している親に言ったら「そんなに貰ってるのか」ってビックリしていました。

酌井 結婚した同期のほとんどが家を建ててます。富山は持ち家率が高い県ですけど、普通よりも早いと思います。

正力 実家にいたら、すごくお金が貯まるってことなのね。県外の人でも、ホテルみたいなピカピカの社員寮があるし、家賃3000円で住めるから安過ぎだよね。会社に大きなお風呂もあるから、社員寮に帰ったら寝るだけなので楽ちんだと思いますよ。

松井珠里（以下、松井） 私は東京に住んでますけど、お給料は余裕で貯金できる水準ですよ。6年前に入社して、初めて賞与が出たとき、うちの両親も金額を見てすごく驚いてました。賞与の水準は下がるどころか上がる一方なので、これからも安心して働けます。

お客様からの評判が抜群で凄腕
営業アシスタントの松井さん。

ライフプランに合わせて毎年選べる「働き方」

正力　私はひとり親で子どもを育てていますが、この会社に入ってよかったのはお給料が高くて「これならやっていける」と思ったことと、事務職にフレックス制があって子育てと両立できたことです。毎年8月に「人事申告書」というのを出すんだけど、①仕事最優先、②仕事優先、③私生活優先、④私生活最優先の中から好きな働き方を選べるので、私は子どもがいるから人生の岐路に合わせて選択できたのが大きかったです。

酌井　私は適度に遊びたかったので、いつも「②仕事優先」にしていたんですが、今はコロナ禍でどこにも行けないので、「①仕事最優先」にしています。

北川　これから結婚や出産など、人生の大きなイベントがあると思います。でも、1年ごとに働き方を聞いてもらえるから、後々のことを心配せずに今の状況だけを考えて選

話しかけやすく、意外と体育会系女子の北川さん。

択できますね。

松井 私は日本伸銅の大阪黄銅カンパニーにいたんですが、結婚のタイミングで東京に行きたいと打診したところ、日本伸銅の東京支店に異動できました。同じ会社で仕事を続けられて本当に嬉しいです。

酌井 私はサンエツ金属プレシジョン工場品質管理室の検査係に配属されたんですけど、「新しいことがしたい」と上司に訴えて新規事業に関わったり、工場を移転統合したオキノ工業の仕事を兼務したりしています。私の飽きっぽい性格を考慮してもらっているのかな。

業務に合わせて資格が取れる

司会 教育やスキルアップの体制はどうですか。

酌井 外部の講座や社内研修、通信講座があって、受講料も受験費用も交通費も会社が負担してくれます。私は品質管理室に配置換えになったとき「QC検定」（品質管理の

正力　検定試験）の2級を受けました。通信講座で勉強して無事に合格できましたよ。

北川　すごい。2級はすごく難しいんだよね。私もExcelが苦手だったので「MOS（マイクロソフト オフィス スペシャリスト）」の勉強をして、全額会社負担で受験して合格しました。

正力　私は上司の勧めで「第一種衛生管理者」の試験に挑戦しました。費用のことは気にせずに勉強に集中できたので助かりましたね。

酌井　工場では「第一種電気主任技術者」っていうすごい国家資格を何人もの人が持っていて、チャレンジさせてくれる会社だなと感じています。業務に役立つものもあるけど、自分の知識や教養になる講座もあるよね。

お勧めなのは「『日経WOMAN』で仕事レッスン」ですね。お金の貯め方や税金などの情報が掲載されている雑誌が1年間送られてくるんですが、付録に付いていた

幅広い年齢層から慕われ、
当社の歴史を知っている正力さん。

ポーチを愛用しています。他にも「『三国志』に学ぶ激動の時代のビジネス戦略」とか、講座のタイトルを見るだけで楽しいものもあります。

三松　私は冠婚葬祭の講座を受講しましたが、いまさら聞けないことをちゃんと教えてもらえてよかったです。

正力　ボールペン習字もお勧め。私、工場長と一緒に取って、どっちが高得点か競争して負けたのが悔しかった。

司会　たくさんの講座があるんですね。いくつ受けても会社が全額負担してくれるんですか。

正力　全額会社負担です。ただし、修了することが条件です。あと、試験に落ちて同じ講座を2回受けるときは、半分自己負担だったかな。でも会社は受講を強制しないので、気が楽でいいなと思います。会社が毎月進捗状況を掲示しているので、自然と競争心が芽生えてくると聞いたことがあります。結果、修了率は95%なので、本当に真面目な風土、社員だなと感じます。

シンガポール旅行（2017〈平成29〉年6月）

2. 仕事もイベントも社員のために開かれているのか

参加を強制されないイベントや社員旅行

北川　他の会社だと、地元のお祭りや休日のボランティアに強制参加させられたり、何かを強制的に買わされたりするって聞いたことがありますが、うちはそういうのはありません。メリハリつけて働けるいい会社だと思います。

正力　いちばんすごいのは社員旅行が強制じゃないことですよね。以前大企業の支店に勤めていたんですが、社員旅行は当たり前のように全員参加で、そのために積み立てまでさせられました。行ったら行ったで、朝から晩まで上司と一緒に過ごすんです。でも、この会社では旅行自体が強制じゃない上に、旅行代金も全額会社が持ってくれます。

ハワイ旅行（2013〈平成25〉年6月）

酌井 私、入社1年目にハワイに行ったんですけど、ほとんど自由行動でした。友達との旅行感覚でとても楽しかったし、お小遣いまで貰えてビックリしました。

司会 会社がお小遣いをくれるんですか。

正力 国内旅行の場合だと、1泊目は会社が手配したホテルに泊まるんですが、3日目まで自由行動なんですよ。事前にお小遣いを1万円貰って、自分たちでプランニングした観光ルートに合わせ好きな宿を自分で取っていいし、さらに1万円のお小遣いが出ます。海外の場合はさすがに会社が手配した宿に泊まるんですけど、1万5000円のお小遣いが貰えました。

酌井 隔年で海外に行くので、次はハワイですね。楽しみです。

正力 東証一部に上場した時にも記念旅行がありまして、何かあるたびに会社が記念行事をしてくれます。2022年は売上1000億円達成ということで社員に記念品が配られました。高級まくらやバスタオル、名前入りのペン

東証一部上場記念祝賀会。

などの中から自分で選べます。

酌井　他にも会社がいただいたお中元とかお祝いの品を社員に分配してくれることもありますね。抽選で映画のチケットとかビールセットなんかが当たることもあります。

正力　クリスマスにはいろんな種類のホールケーキが食堂に積み上げられていて、一人一つずつ好きなものを貰えます。食べられない人は、みかんを1箱貰っていました。

酌井　他にも社員が主催する親睦会の行事があって、500円くらいの会費でお食事会やバーベキューをしたり、スキーやボウリング大会が開催されたりするんです。みんなと仲良くなれて本当に楽しいですね。

働き方を選べるから余裕が生まれる

司会　それでは最後に会社のここが最高、というところを教えてください。

北川　人間関係がすごくいいんです。仕事もやさしく教えてく

100周年記念祝賀会での感謝状贈呈式。

れるけど、仕事終わりにみんなで飲みに行ったりしますし。あと、給与と賞与が高いところかな。

三松　将来の結婚や出産を考えると、その時々に合わせて働き方を選べるのが最高ですね。

松井　仕事にやりがいを感じられるし、長く働きたいと思えるところでしょうか。

正力　私の子どもが中学生の時、「なりたいものがないから、お母さんみたいな普通の会社員になる」と言ったのですが、そのとき、「私は普通の会社員じゃありません。スーパー会社員です」と言い返せるほど気持ちに余裕がありました。それは会社が働き方を選ばせてくれて、無理なく仕事ができたからだと思っています。

司会　仕事をすることで人生に余裕ができるのは素晴らしいことですね。本日はありがとうございました。

■図表-23　社員旅行一覧表

西暦	（和暦）	旅行先	備考
2022	（令和４年）	東京	創業100周年記念祝賀会開催
2021	（令和３年）	中止	COVID-19
2020	（令和２年）	中止	COVID-19・創業100周年
2019	（令和元年）	タイ	
2018	（平成30年）	東京	東証一部上場記念祝賀会開催
2017	（平成29年）	シンガポール	
2016	（平成28年）	北海道②	
2015	（平成27年）	アメリカ／ラスベガス	
2014	（平成26年）	九州	別途、日本伸銅とUSJで合同パーティーも
2013	（平成25年）	ハワイ②	
2012	（平成24年）	加賀屋	リケンとJV設立
2011	（平成23年）	沖縄	
2010	（平成22年）	北海道①	
2009	（平成21年）	中止	リーマンショック
2008	（平成20年）	韓国／ソウル	
2007	（平成19年）	オーストラリア／ケアンズ	別途、新日東二場見学旅行も
2006	（平成18年）	台湾／台北	
2005	（平成17年）	グアム	
2004	（平成16年）	中国／大連・北京	
2003	（平成15年）	中止	SARS
2002	（平成14年）	ハワイ①	
2000	（平成12年）	香港・マカオ	

おわりに

自身の意図を正確に伝えることは、経営者に必要で大事な能力なのかもしれません。この本を書きながら、その能力が試されているような気がしました。

また、話にはわかりやすいものとわかりにくいものがあります。隠すところが多い話は、わかりにくくなるようです。世の失敗談には、主語さえも明確でないものが多く見られます。

この本は、わかりやすく仕上がったようには思いました。それには、口述筆記にしたことと、風通しの良い飾らない社風が影響しているのかもしれません。

コロナウイルスが蔓延《まんえん》して在宅時間が増えたという、ものの弾みもあってCKサンエツの100年をコンパクト通史のような形でまとめることができました。座談会の収録に際しては、社員たちに手間暇を取らせてしまいましたが、そのおかげでとても読みやすくなったと思います。

おわりになりましたが、これまで当社をお支えくださいました多くの方々に心からお礼申し上げます。

2023年1月17日　著者

【著者】

釣谷宏行（つりや・ひろゆき）

株式会社CKサンエツ　代表取締役社長
1958（昭和33）年生。富山県出身。

信州大学経済学部経済学科卒業後、北陸銀行に入行。

1986（昭和61）年 シーケー金属株式会社に入社。

1993（平成 5）年 中小企業診断士。

1996（平成 8）年 中小企業診断協会会長賞（中小企業経営診断シンポジウム）。

1997（平成 9）年 シーケー金属株式会社代表取締役社長（現任）。

2000（平成12）年 サンエツ金属株式会社代表取締役社長（現任）。

2011（平成23）年 株式会社CKサンエツ代表取締役社長（現任）。

2015（平成27）年 日本伸銅株式会社代表取締役会長（現任）。

社員の働きがいを追求することで、CKサンエツを東証プライム上場の100年企業に導いた。

社員が努力して、働けば働くほど報われる仕組み
社員にとって働きがいのある会社になるヒント

2023年1月17日　第1刷発行

著者 ―――――― 釣谷宏行
発行 ―――――― ダイヤモンド・ビジネス企画
〒104-0028
東京都中央区八重洲2-7-7 八重洲旭ビル2階
http://www.diamond-biz.co.jp/
電話 03-5205-7076（代表）

発売 ―――――― ダイヤモンド社
〒150-8409　東京都渋谷区神宮前6-12-17
http://www.diamond.co.jp/
電話 03-5778-7240（販売）

編集制作 ―――― 岡田晴彦
編集協力 ―――― 由良直也・貝谷聡美
編集アシスタント ―――― 藤原昂久・阿部通子
装丁 ―――――― 竹内雄二
DTP ―――――― 齋藤恭弘
撮影 ―――――― 守田大介・伊藤宏美
印刷進行 ―――― 駒宮綾子
印刷・製本 ――― シナノパブリッシングプレス

ISBN 978-4-478-08500-4